우리나라에 자생하는 산야초의 종합 지침서

사계절
우리 야생화

식물 약효와 화재 응용법

한현석 著

글로북스

■ 책을 내면서…

　　　　요즘 우리는 푸름이 없는 콘크리트의 숲에서 살아 가고 있습니다.
　　　　도시 사람들은 항상 마음속에 고향의 뒷동산이나 계곡의 맑은 물을 생각합니다. 도시에서 조금 떨어져 살고 있는 사람일지라도 옆에서 푸른 숲을 본다는 것이 힘들고 어려워졌습니다. 지천에 흔했던 할미꽃·제비꽃·민들레 등도 쉽게 찾아볼 수 없는 식물이 되었고, 우리 주위에는 이 땅의 자생 꽃보다는 펜지·페튜니어·샐비아가 더 흔합니다.

인류 문명은 사람들의 삶의 질을 보다 편리하게 바꿔 놓았으나 자연은 저 멀리 달아나게 하였습니다. 주거 형태가 바뀌면서 형형색색의 외래종 식물이 주거 공간까지 차지하였고, 토종식물은 서서히 우리 곁에서 사라지고 있습니다. 산과 들로 나가 보아도 우리의 토종 들꽃은 보이지 않고 보인다고 해도 이름도 모르고 바라보고 오는 것이 요즘의 현실입니다.

그러나 다행스럽게도 몇 년 전부터 동호회가 생겨났고 봄이면 여기저기서 우리 꽃 전시회를 알리는 소식이 전해져 옵니다. 정말 다행한 일이 아닐 수 없습니다.
철철이 화분에서 피고 지는 자생화가 너무도 아쉬워 농원을 운영하며 20년을 생활하는 틈틈이 꽃피는 시기에 맞추어 슬라이드 필름에 담았고, 그 것을 모아 우리 야생화도감을 편찬하게 되었습니다.

야생화를 좋아하시는 모든 분이 이 도감을 보며 한국 들꽃의 아름다움을 다시 한번 느끼게 할 수만 있다면 더 이상 바랄 것이 없겠습니다. 또한 원고를 준비하며 한국의 특산식물, 멸종위기식물, 보호식물을 최대한 표기하려고 노력했습니다.

본 도감을 내며 모자라는 사진 원고를 아낌없이 제공해 주신 부산의 이춘희 여사님께도 진심으로 감사를 드리며 이 도감을 준비하는 동안 주위에서 격려하여 주신 모든분들에게 이 자리를 빌려 다시 한번 감사를 전합니다.

저자 한현석

■ 격려사

왜 야생화를 알아야 하는가

 최근 각 도시별로 또는 단체별로 자생화 전시가 활발하게 개최되고 있는 것으로 보아 복잡하게 변하고 있는 도시생활 속에서도 자연에 대한 관심들이 높아져 간다고 생각된다. 조경용 또는 취미 생활의 하나로 자생초화를 화단이나 화분에 심어서 가꾸었으면 하는 사람들이 점차 늘고 있는 것은 참으로 좋은 현상이라 여겨진다. 더욱이 일반 꽃집이나 도로변·정원·관공서·학교 등에서 흔히 볼 수 있는 팬지·패튜니어·샐비어 등의 일반 원예식물 보다 우리의 산과 들에서 흔히 볼 수 있는 자생식물로 꾸며 보면 훨씬 더 인상적일 뿐 아니라 자라나는 어린 청소년들의 교육적 측면에서도 바람직한 일이라고 생각한다.

일반 나무분재는 그 소재를 구하기도 어렵고 또 고도의 기술이 필요하며 금전적인 부담도 크다고 들었다. 그러나 자생화 분재는 그 소재 구입에 어려움이 없다. 야생화만을 전문적으로 길러서 저렴하게 판매한다면 아파트나 일반 주택의 좁은 공간에서도 간편하게 가꿀 수 있는 점이 야생화의 장점이라 생각한다.

그리고 우리 들꽃은 독자적으로도 잘 자라고 다른 식물과 합식하여도 잘 어울린다. 돌이나 나무 등을 이용하면 여러 가지 운치 있는 연출이 가능하며 매년 꽃을 감상할 수 있다. 나무 분재나 난초, 관엽과 같은 식물을 재배하여 제대로 감상하려면 3~4년, 또는 그 이상의 시간과 정성, 그리고 기술이 필요하다. 그렇지만 자생화는 조금만 요령을 알고 있어도 심은 그 해에 감상이 가능하며 다년생 식물이기 때문에 저절로 번식하며 해마다 꽃을 피워 즐거움을 느끼게 한다.

산과 들에 자라는 자생식물들은 자손 대대로 물려주어야 할 우리의 자연유산으로서 후손들에게 우리 식물이 왜 좋은 가를 일깨워 주어야 할 필요가 있다.

식용 또는 약용으로서 우리꽃 이름만이라도 후손들에게 올바로 알려주어야 할 것이다. 초등학교 등의 교과서에도 우리 꽃을 많이 수록하여 교육적 측면에서 다루어야 하며 대학의 전문학과에서도 빠른 시일 내에 우리꽃을 원예화하는 데 힘을 기울여야 한다. 아울러 식용, 약용 등으로 중점 배양하여 농촌 소득 작물로 개발하는 것이 시급하다고 생각된다.

사단법인 한국자생식물협회 회장 김영근

■ 일러두기

1. 이 책에 수록된 야생초는 우리나라 산과 들에 자생하는 식물로 제한하였고 누구나 손쉽게 기를 수 있도록 식물의 특성과 형태, 화재 응용 방법들을 수록하였다.

2. 식물의 배열은 꽃이 피는 시기에 따라 수록하였고 분재법과 일반 노지 재배를 할 때의 조건 등을 상세히 기록하려고 노력하였다.

3. 식물의 과명과 학명은 대한식물도감(이창복 저)에 따랐으며 원산지가 외래종이라도 우리나라에 귀화한 식물로 자생하고 있는 품종도 자생종으로 취급하였다.

4. 산야초의 설명과 해설 및 재배법은 필자가 20여 년간 농장을 경영하면서 재배한 경험을 토대로 하였다.

5. 개화 시기는 필자의 온실 재배 기간에 따랐으므로 타 문헌과 약간의 차이가 있을 수 있다.

애기기린초

민백미

차례 contents

책을 내면서
왜 야생화를 알아야 하는가
일러두기

복수초 | 18
돌단풍 | 20
돌단풍과 대사초 | 22
서향 | 24
각시붓꽃 | 26
민둥제비꽃 | 28
졸방제비꽃 | 30
붓꽃 1 | 32
금붓꽃 | 34
난장이붓꽃 | 36
붓꽃 2 | 38
매미꽃 | 40
피나물 | 42
할미꽃 | 44, 46

사진으로 보는 계곡
돌매화나무 | 48

바람꽃 | 50
왜현호색 | 52
큰앵초 | 54
앵초 | 56
개여뀌 | 58
새우난초 | 60
금새우난초 | 62
삼지구엽초 | 64, 66
윤판나물 | 68
산괴불주머니 | 70
동의나물 | 72
섬노루귀 | 74
노루귀 | 76
양지꽃 | 78
광릉요강꽃 | 80
깽깽이풀 | 82
바위말발도리 | 84
처녀치마 | 86
개족도리 | 88
조개나물 | 90
뱀딸기 | 92
머위 | 94
산작약 | 96
누운주름잎 | 98

석곡 | 100
개불알꽃 | 102
자란 | 104
은방울꽃 | 106
참개별꽃 | 108
민백미꽃 | 110

사진으로 보는 자운영

고비 | 114
우단일엽 | 116
산일엽초 | 118
세뿔석위 | 120
엉겅퀴 | 122
주름제비난 | 124
바위취 | 126, 128
큰천남성 | 130
섬천남성 | 132
노루발 | 134
비짜루 | 136
감자난 | 138
초롱꽃 | 140, 142
옥잠난초 | 144
물솜방망이 | 146
금낭화 | 148

흰금낭화 | 150
둥굴레 | 152
각시둥굴레 | 154
쥐오줌풀 | 156
금강봄맞이 | 158
매발톱꽃 | 160, 162, 164, 166
큰까치수영 | 168
자금우 | 170
병아리난초 | 172
참좁쌀풀 | 174
제비동자꽃 | 176
동자꽃 | 178
털동자꽃 | 180
월귤 | 182, 184
긴겨이삭 | 186
만병초 | 188
금마타리 | 190
왜승마 | 192
촛대승마 | 194
산마늘 | 196

contents

차례

사진으로 보는 설악의 녹음

대사초 | 200
지리대사초 | 202
흰꿀풀 | 204
꿀풀 | 206
용머리 | 208
만년석송 | 210
풍란 | 212
나도풍란 | 214
고사리삼 | 216, 218
넉줄고사리 | 220
공작고사리 | 222
마삭줄 | 224
대반하 | 226, 228
닭의난초 | 230
장구채 | 232
꽃창포 | 234
돌창포 | 236
기린초 | 238, 240, 242
노루오줌 | 244, 246
솔나리 | 248, 250
섬말나리 | 252

털중나리 | 254
땅나리 | 256
뻐꾹나리 | 258
하늘말나리 | 260
중나리 | 262
큰방울새난 | 264
연잎꿩의다리 | 266
좀꿩의다리 | 268
어리곤달비 | 270
달맞이꽃 | 272

사진으로 보는 권금성의 가을

꿩의비름 | 276
둥근꿩의비름 | 278
진범 | 280
도라지 | 282
술패랭이꽃 | 284
흰술패랭이 | 286
사계패랭이 | 288
우산나물 | 290
무릇 | 292
산파 | 294
일월비비추 | 296
비비추(분홍) | 298
무늬비비추 | 300

주걱비비추 | 302
비비추(백화) | 304
좀비비추(무늬종) | 306
터리풀 | 308
좀양지꽃 | 310
산솜방망이 | 312
미역취 | 314, 316
각시석남 | 318
옥잠화 | 320
층꽃나무 | 322
잔대 | 324
모시대 | 326
산꼬리풀 | 328
바위채송화 | 330
왜솜다리 | 332
솜다리 | 334
등골나무 | 336
더덕 | 338
두메부추 | 340
한라부추 | 342
산부추 | 344
해오라비난초 | 346, 348
털머위 | 350
해국 | 352
눈개쑥부쟁이 | 354
사철난 | 356

용담 | 358
야고 | 360
호장근 | 362
구절초 | 364
포천구절초 | 366
한라구절초 | 368
산구절초 | 370
벌개미취 | 372
구름떡쑥 | 374
석산 | 376
부처손 | 378
둥근바위솔 | 380
바위솔 | 382
감국 | 384
갯국화 | 386

찾아보기 | 388

 복수초

햇빛 관계 : 반양, 반음 / 내한성 : 강 / 물관리 : 보통 / 비료관리 : 좋아함

특성과 형태

다년생 식물로 높이 10~25cm 이내. 뿌리에서 나온 잎은 원줄기를 감싸고 줄기에서 나온 잎은 서로 어긋나게 나온다. 꽃은 노란색으로 줄기 끝에 1송이씩 달리며 해가 뜨면 활짝 피고 흐린 날에는 꽃잎을 오므린다.

약효

풍습성 관절염, 신경통 심장대상 기능 부전증, 신경쇠약, 심장쇠약, 이뇨 작용, 민간에서는 간질이나 종창 치료에도 쓴다.

화재 응용법

가을에 분갈이를 하면서 포기 나누기로 번식한다. 종자 번식은 초여름에 채취한 종자를 묘판에 식재한 후 이듬해 봄에 발아하면 그 자리에서 2~3년 기른 후 이식한다.
이식 후 약 5년 경과 하면 개화주가 된다. 산지에서 무분별 채취로 점차 사라지고 있는 식물이다. 비옥한 토양이고 약간의 보습성이 있으며 반 그늘진 곳에서 재배하기 좋다.

[과명] 미나리아재비과　[학명] Adonis amurensis REGEL et RADDE　[분포] 전국 각지　[개화] 2월~4월
[용도] 관상용, 약용(뿌리)

 돌단풍

햇빛 관계 : 반양, 반음 / 내한성 : 강 / 물관리 : 좋아함 / 비료관리 : 보통

특성과 형태

다년생 식물로 산지의 물가나 바위 틈에 붙어 자란다.
줄기는 옆으로 뻗어나가며 수많은 마디가 있다. 잎은 긴 잎자루 끝에 손바닥꼴로 달리는데 5~7개로 갈라지고 가장자리에 톱니가 있다. 잎의 모양이 단풍나무잎과 흡사하며 꽃은 3~4월 경에 줄기 끝에 분홍빛이 도는 흰꽃이 뭉쳐서 핀다. 가을에 붉게 단풍 드는 잎이 아름답다.

화재 응용법

가을에 분갈이를 하면서 포기 나누기로 번식하고 꺾꽂이를 하여도 뿌리를 잘 내린다. 씨앗을 이용하여 증식할 수도 있다. 공중 습도를 좋아하지만 뿌리가 너무 습한 곳은 피해야 하고 오전에 햇빛이 잘 드는 장소로 물 빠짐이 좋은 사질토에서 재배하는 것이 좋다.

[과명] 범의귀科 [학명] Aceriphyllum rossii ENGL. [분포] 중부, 북부 산지 [개화] 4월~5월 [용도] 식용·관상용

돌단풍과 대사초

돌단풍 _ 햇빛 관계 : 반양, 반음 / 내한성: 강 / 물관리: 좋아함 / 비료관리: 보통
대사초 _ 햇빛 관계 : 호광성 / 내한성: 강 / 물관리 : 보통 / 비료관리 : 보통

돌단풍과 대사초

돌단풍
[과명] 범의귀과   [학명] Aceriphyllum rossii ENGL.
[분포] 중부, 북부 산지   [개화] 4월~5월   [용도] 식용, 관상용

대사초
[과명] 사초과   [학명] Carex siderosticta HANCE
[분포] 전국   [개화] 4월~5월   [용도] 관상용

돌단풍 돌나리 또는 단정초라고도 불리는 다년초로서 냇가 바위 틈이나 돌에 붙어서 사는 식물이다. 굵고 단단한 담홍색 줄기에 분홍빛을 띤 백색 꽃이 아름답다.

서향

햇빛 관계 : 호광성 / 내한성: 약 / 물관리 : 좋아함 / 비료관리 : 좋아함

특성과 형태

중국이 원산지인 상록관목으로서 제주도 및 남부 지방에서 많이 심는다. 높이 1m에 달하고 원줄기는 곧으며 가지가 많고 튼튼한 갈색 섬유가 있다. 잎은 호생하며 타원형 또는 피침형으로 가장자리가 밋밋하다. 꽃은 2가지로서 3~4월에 피며 백색 또는 홍자색이고 향기가 있으며 묵은 가지 끝에 두상으로 모여 달린다. 서향(瑞香)은 본래 중국명이다.

화재 응용법

가을 분갈이시 포기 나누기로 번식하고 꺾꽂이로도 번식된다.
노지에 재배할 때는 햇빛이 잘 드는 양지바른 곳으로 부엽질과 유기질이 풍부한 땅에 심어 주고 특별한 시비는 필요치 않다.

백서향

서향과 남천의 합식

▲ 반엽서향

[과명] 팥꽃나무과　[학명] Daphne odora THUNB.　[분포] 제주도, 남부 지방　[개화] 3월~4월　[용도] 관상용

각시붓꽃

햇빛 관계 : 반음 / 내한성 : 강 / 물관리 : 보통 / 비료관리 : 보통

특성과 형태

다년생 식물로 높이 30cm 내외. 줄기 아래쪽이 갈색 섬유질로 덮여 있다. 잎은 약간 딱딱하고 꽃꽂이 서며 짙은 녹색이고 밑둥은 붉은 빛을 띤다. 짧은 꽃자루 끝에 보랏빛 꽃이 1송이씩 핀다.

타래붓꽃의 약효

절창, 해열, 지혈, 해독약, 부인의 혈운, 붕증대하, 인후염 및 비혈, 주독, 위열에 의한 심번

화재 응용법

주로 포기 나누기로 번식하고 종자를 채취해서 바로 파종하면 곧 발아한다.
분에 재배할시는 밑 부분에 굵은 마사를 25% 정도 깔고 가루를 뺀 산모래나 마사토를 채워 물빠짐을 좋게 한다.

붓꽃

주머니타래붓꽃

▲ 타래붓꽃

[과명] 붓꽃과　[학명] Iris rossii BAK.　[분포] 전국 각지　[개화] 3월~4월　[용도] 관상용, 약용(조경)

민둥제비꽃

햇빛 관계 : 반양, 반음 / 내한성 : 강 / 물관리 : 좋아함 / 비료관리 : 좋아함

특성과 형태
전국에서 비교적 흔하게 자라는 다년생 식물이다. 짧은 근경에 바로 붙은 잎은 여러 장이다. 꽃잎은 연한 자주색 바탕에 세로 무늬가 들어 있다. 전초를 약제로 쓴다.

약효
민둥제비꽃의 약효는 타박상, 종기, 피부병, 관절염, 불면증, 변비, 황달
노랑제비꽃의 약효는 잎은 해독, 항염증, 화농성 질환, 청열, 양혈, 외용제로 신선한 잎을 상구에 붙이면 해독 작용, 그 밖에 잎은 최토, 사하약, 정혈, 부인과 질환, 통경제

화재 응용법
봄 가을 분갈이시 포기 나누기를 하여 증식시키며 종자를 뿌려 번식시킨다. 강한 식물이기에 특별한 토질을 가리지 않고 척박한 곳에서도 잘 자란다. 오전 햇빛이 잘 들고 반 그늘진 곳에서 재배한다.

민둥제비꽃

잔털제비꽃

▲ 노랑제비꽃

[과명] 제비꽃과　[학명] Viola mandshurica W. BECKER　[분포] 전국　[개화] 4월~5월　[용도] 약용(전초)

졸방제비꽃

햇빛 관계 : 반양, 반음 / 내한성 : 강 / 물관리 : 보통 / 비료관리 : 보통

특성과 형태
다년생 식물로 높이 20~40cm 내외이며 전체에 흰 잔털이 있다. 줄기는 보통 여러 대가 한 군데에서 나온다. 잎은 어긋나고 삼각형을 띤 심장꼴로 잎자루가 있고 가장 자리에 둔한 톱니가 있다. 잎겨드랑이에서 꽃대 끝에 백색 연분홍색 또는 연보라색 꽃이 1송이씩 달린다.

고깔제비꽃 약효
뿌리는 정혈, 진해, 진정에 쓰인다.

화재 응용법
분갈이 때 포기 나누기로 번식한다. 종자를 받아 바로 뿌리면 곧 발아한다. 제비꽃의 분재법에 준한다.

콩제비꽃 ▶

고깔제비꽃   왜제비꽃

▲ 종지나물

[과명] 제비꽃과　　[학명] Viola acuminata LEDEB.　　[분포] 전국 각지　　[개화] 5월~6월　　[용도] 식용(어린 순)·약용(전초)

 붓꽃 I

햇빛 관계 : 내음성 / 내한성 : 강 / 물관리 : 보통 / 비료관리 : 보통

특성과 형태

다년생 식물로 높이 30~60cm 내외로 습지에서 자란다. 잎은 칼과 같이 길고 넓은데 4~5장이 겹쳐서 자라며 그 잎 사이에서 꽃자루가 자라 진보라빛 꽃이 2~3 송이씩 차례로 핀다.
꽃잎은 6매로 그 중 3매는 크고 옆으로 넓게 퍼진다. 나머지 3장은 좁고 길쭉하게 곧추선다.

화재 응용법

꽃이 진 다음 분갈이시 포기 나누기를 해서 증식한다. 종자를 채취하여 바로 뿌리면 발아한다.
각시붓꽃과 같다.

[과명] 붓꽃과　[학명] Iris nertschinskia LODD　[분포] 전국 각지 산야　[개화] 5월~6월　[용도] 관상용·약용(뿌리·줄기)

금붓꽃

햇빛 관계 : 내음성 / 내한성 : 강 / 물관리 : 보통 / 비료관리 : 보통

특성과 형태
다년생 식물로 높이 15cm 내외. 산 속 그늘진 곳에서 칼과 같이 생긴 긴 잎이 3~4매 겹쳐서 자라며 꽃이 필 무렵에는 잎이 더 길게 꼿꼿이 선다. 꽃은 선황색으로 줄기 끝에 1송이씩 달리며 꽃잎은 6매로 바깥 3장은 크고 속의 3장은 작다.

화재 응용법
꽃이 진 뒤에 갈아 심기를 하면서 포기를 나누어서 번식한다. 씨앗으로도 증식할 수 있다. 성질이 강인한 식물이기에 어떤 주위 환경이나 토질에 관계 없이 잘 자라지만 여름철 고온 다습에 약하므로 바람이 잘 통하는 반 그늘에서 재배하는 것이 좋다.

노랑붓꽃

노랑무늬붓꽃

▲ 금붓꽃

[과명] 붓꽃과　　[학명] ris savatieri NAKAI　　[분포] 중부·남부　　[개화] 4월~5월　　[용도] 관상용·약용(근경)

난장이붓꽃

햇빛 관계: 호광성/ 내한성: 강/ 물관리: 싫어함/ 비료관리: 싫어함

특성과 형태

다년생 식물로 높이 5~8cm 내외이며 강원도 이북에서 자란다. 밑 부분에 묵은 잎이 엉켜 있으며 다 자란 잎은 길이가 10~25cm에 이른다. 꽃은 짧은 꽃자루 끝에 1송이씩 달리는데 자주색이다.

부채붓꽃의 약효

절창, 해열, 지혈, 해독약, 부인의 혈운, 봉중대하, 인후염 및 비혈, 주독, 위열에 의한 심번

화재 응용법

분갈이시 포기 나누기로 번식하는 것이 가장 좋은 방법이다.
종자 번식도 되지만 결실률이 좋지 않은 편이다. 성질이 강한 식물이나 분재배시는 여름철 고온다습에 약하므로 반 그늘에서 재배하여야 한다. 가루를 뺀 산 모래나 마사토에 부엽토를 충분히 혼합하여 물 빠짐을 좋게 한다. 거름은 되도록 적게 주는 것이 좋다.

부채붓꽃

대청부채 환경부 보호식물 11호

▲ 대청부채 환경부 보호 식물 11호

[과명] 붓꽃과　　[학명] Iris uniflora var. carinata KITGAWA　　[분포] 북부 고산지　　[개화] 5월~6월　　[용도] 약용(전초)·관상용

 붓꽃 2

햇빛 관계 : 내음성 / 내한성 : 강 / 물관리 : 보통 / 비료관리 : 보통

특성과 형태
다년생 식물로 높이 30~50cm 내외로 산지의 습지에서 자란다. 잎은 칼과 같이 길고 넓은데 4~5장이 겹쳐져 자라며 그 사이에 긴 꽃대가 자라나 진보라빛 꽃이 2~3송이씩 차례로 핀다.
꽃잎은 6매로 그 중 3매는 크고 옆으로 넓게 퍼진다.
나머지 3매는 좁고 길쭉하며 깃발처럼 곧추선다.

제비붓꽃의 약효
거담약, 소염, 이뇨약

▲ 제비붓꽃

[과명] 붓꽃과　**[학명]** Iris nertschinskia LODD　**[분포]** 전국 각지 산야　**[개화]** 5월~6월　**[용도]** 관상용·약용(뿌리·줄기)

 매미꽃

햇빛 관계 : 반양, 반음 / 내한성 : 강 / 물관리 : 좋아함 / 비료관리 : 좋아함

특성과 형태

다년생 식물로 짧은 근경에 여러 장의 잎이 붙어 있다. 잎자루 끝에 불규칙하게 갈라진 잎은 길쭉한 타원형으로 가장자리에 불규칙한 톱니가 있다. 높이 30cm 내외로 잎자루를 끊어 보면 주황색즙이 나온다. 근경에서 짧은 꽃대가 나오고 그 끝에 4장의 꽃잎을 가진 샛 노란 꽃이 여러 송이 핀다.

화재 응용법

포기 나누기로 번식을 하며 6월 말경에 종자를 직파하거나 이듬해 봄에 물이끼를 깐 모판에 뿌리면 잘 발아한다. 부식질이 많고 보습성이 좋으며 반 그늘진 장소에서 재배한다.

피나물

피나물

▲ 피나물

[과명] 양귀비과　[학명] Hylomecon hylomeconoides (Nakai) T. Lee　[분포] 중부·북부　[개화] 4월~5월　[용도] 약용(전초)

 피나물

햇빛 관계 : 반양, 반음 / 내한성 : 강 / 물관리 : 좋아함 / 비료관리 : 좋아함

특성과 형태

다년생 식물로 높이 30cm 내외. 근경은 짧으며 굵고 옆으로 자란다. 근생엽은 엽병이 길며 5~7 갈래로 갈라진 깃털꼴엽잎(우상복엽)이고 소엽은 넓은 난형이다. 가장자리에 불규칙한 톱니가 있다. 잎은 호생하고 5장의 소엽으로 구성된다. 줄기 끝에서 한 송이의 꽃이 나오고 꽃잎은 4장이며 난상 원형이고 윤채가 있다. 줄기를 자르면 주황색즙이 나온다.

약효

외용제로서 거풍습, 지통, 지혈 등

화재 응용법

포기 나누기로 번식하고 매미꽃과 같은 방법으로 하면 종자 번식이 잘 된다. 매미꽃 재배법에 준한다.

피나물

피나물

▼ 피나물과 앵초

[과명] 양귀비科　[학명] Hylomecon vernale MAX.　[분포] 중부·북부　[개화] 4월~5월　[용도] 약용(전초)

할미꽃 I

햇빛 관계 : 호광성 / 내한성 : 강 / 물관리 : 보통 / 비료관리 : 보통

특성과 형태

다년생 식물로 높이 20~30cm이며 몸 전체에 백색털이 많다. 뿌리에서 나온 잎은 잎자루가 길고 2회 갈라지며 5장의 소엽으로 구성된다. 꽃자루 끝에 한 송이의 적자색 꽃이 밑을 향해 달린다.

약효

이질, 소염, 수렴, 청열 해독, 음양대하, 양혈지리 등

화재 응용법

꽃이 진 뒤 분갈이시 포기 나누기로 번식시킨다. 주의할 점은 뿌리가 너무 많이 잘리지 않도록 하고, 종자를 채취하여 직파 후 2주일이면 발아한다. 어린 묘를 이식한다. 물 빠짐이 좋은 사질 토양으로 햇빛이 잘 드는 곳이 적당하며, 너무 과습한 장소는 피하는 것이 좋다.

할미꽃씨

힐미꽃

노랑할미꽃

[과명] 미나리아재비科　[학명] Pulsatilla koreana NAKAI　[분포] 전국 각지　[개화] 4월~5월　[용도] 약용(뿌리)

 할미꽃 2

햇빛 관계 : 호광성 / 내한성 : 강 / 물관리 : 보통 / 비료관리 : 보통

노랑할미꽃 약효

이질, 소염, 수렴, 청열해독, 음양대하, 양혈지리 등

할미꽃

▲ 노랑할미꽃 ▼ 보라색할미꽃

[과명] 미나리아재비과　[학명] Pulsatilla koreana NAKAI　[분포] 전국 각지　[개화] 4월~5월　[용도] 약용(뿌리)

 돌매화나무

특성과 형태

한라산 백록담 바위에 붙어 자라는 상록소관목이다. 꽃이 매화꽃을 닮았기 때문에 암매(岩梅)라고도 부른다. 키가 작고 쌀알만한 작은 잎이 밀생하고 가지 끝에 연한 녹색을 띤 흰 꽃이 핀다. 꽃잎은 5매로 종 모양이며 크기는 1cm 안팎이다. 잎은 주걱꼴이고 끝이 옴팍하며 두텁다. 서식지가 극히 제한된 멸종 위기 식물이다.

과명 _ 돌매화나무과　　**학명** _ Diapensia lapponica var. obovata FR. SCHM.
분포 _ 한라산 백록담 암벽　**개화** _ 6월~7월

환경부 보호 식물 93호 (멸종 위기종)

사진으로보는 **지리산 계곡**

 바람꽃

햇빛 관계 : 반양, 반음 / 내한성 : 약함 / 물관리 : 좋아함 / 비료관리 : 좋아함

특성과 형태

고산 지대에서 자라는 다년생 식물이다. 길이 30cm 내외로 자라며 몸 전체에 잔 털이 있다. 잎은 손바닥꼴로 3~5갈래로 갈라진다. 5월에 피는 흰색의 꽃잎처럼 보이는 것은 꽃받침이다.

화재 응용법

봄가을 분갈이시 포기 나누기로 번식하고, 종자를 묘판에 직파한다. 부엽질이 풍부하고 보습성이 좋은 토양에 심는다. 고산성 식물이기에 통풍이 잘되는 반 그늘에서 재배하는 것이 좋다.

모데미풀

홀아비바람꽃

▲ 바람꽃　　　　　　　　　　　　　　　　　　▼ 바람꽃과 대사초

[과명] 미나리아재비과　**[학명]** Amemone narcissifilora L.　**[분포]** 강원 이북　**[개화]** 4월~5월　**[용도]** 관상용

왜현호색

햇빛 관계 : 호광성 / 내한성 : 강 / 물관리 : 좋아함 / 비료관리 : 보통

특성과 형태
다년생 식물로 높이 10~30cm 내외. 땅 속에 있는 괴경에서 1개의 줄기가 나와 2장의 잎이 달린다. 밑부분에서 1개의 포 같은 잎이 달려 그 사이에서 가지를 치기도 한다.
잎은 어긋나오며 3개씩 1~3회 갈라진다. 꽃은 벽자색으로 윗줄기 끝에 여러 송이가 한쪽으로 치우쳐 핀다. 꽃잎 끝이 넓게 입술처럼 벌어지며 밑에서부터 차례로 핀다.

약효
정혈, 진통, 진경, 지통, 복통, 생리통

화재 응용법
꽃이 진 뒤 종자를 채취하여 분 주변 모주 주위에 뿌린다. 괴경의 일부분을 세로로 잘라서 심어도 싹이 튼다. 물빠짐이 좋은 사질 토양으로 햇빛이 잘드는 곳에서 재배한다. 꽃이지고 나면 반그늘진 곳으로 옮긴다.

현호색

현호색

[과명] 현호색과　**[학명]** Corydalis ambigua CHAM. et SCHLECHTEND.　**[분포]** 전국　**[개화]** 4월~5월　**[용도]** 약용(괴경)

 큰앵초

햇빛 관계 : 반양, 반음 / 내한성 : 강 / 물관리 : 좋아함 / 비료관리 : 보통

특성과 형태

다년생 식물로 짧은 근경을 가지고 있으며 전체에 많은 털이 있다. 잎은 근경에서 나오며 잎자루가 길고 둥근 원형이다.

7~9장의 잎은 손바닥꼴로 갈라지며 가장자리에 톱니가 있다. 잎사이에서 꽃대가 자라 꽃 줄기 끝에 진분홍색 꽃이 여러 송이 뭉쳐서 핀다.

화재 응용법

봄철 분갈이시 포기 나누기를 하여 번식시킬 수 있으며 가을에 종자를 채취하여 바로 묘판에 파종하면 이듬해 봄에 발아한다. 직사광선에 약하므로 반 그늘진 곳에서 재배하는 것이 좋다. 보습성이 좋은 사질 토양에 부엽질이나 유기물질이 많은 흙에 재배한다.

고산봄맞이

설앵초

앵초

[과명] 앵초과　[학명] Prinula jesoana MIQUEL　[분포] 남·중·북부　[개화] 5월~6월　[용도] 식용(새순)·약용(전초)·관상용

 앵초

햇빛 관계 : 반양, 반음 / 내한성 : 강 / 물관리 : 좋아함 / 비료관리 : 좋아함

특성과 형태

다년생 식물로 산지의 계곡이나 습지의 양지바른 풀밭에서 자란다. 이른봄 잎과 동시에 꽃이 피는데, 잎은 잎자루가 있고 그 끝에 타원형을 한 긴 심장꼴 잎이 붙는다. 잎가장자리에 둔한 톱니가 있고 끝은 둥글며 잎 전체에 긴 털이 가득 돋아나 있고 주름이 진다. 줄기 끝에 우산 모양을 한 꽃이 달리고 5장의 꽃잎은 연한 홍색 또는 분홍색·연보라색·자주색·흰색 등 변이가 심하다. 일반 정원 등에 심어 기르면 좋다.

약효   거담제, 천식

화재 응용법

봄철 분갈이시 포기 나누기를 하여 번식시킬 수 있으며 초여름에 종자를 채취하여 바로 묘판에 파종하면 이듬해 봄에 발아한다. 직사광선에 약하므로 반 그늘지고 보습성이 있는 사질 토양으로 부엽질이나 유기물질이 많은 곳에 심어 재배한다.

앵초

[과명] 앵초과　[학명] Primula sieboldi E. Morr　[분포] 전국　[개화] 4월~5월　[용도] 관상용·식용(새싹)

개여뀌

햇빛 관계 : 호광성 / 내한성 : 강 / 물관리 : 주지말것 / 비료관리 : 주지말것

특성과 형태

1년생 식물로 높이 20~40cm 내외. 줄기는 갈색이며 곧게 또는 비스듬히 서고 잎은 어긋나며 넓은 피침형으로 앞과 뒷면에 털이 있다.
꽃은 4~10월에 걸쳐 피는데 줄기 끝과 잎 겨드랑이에 이삭처럼 생긴 꽃이 많이 달린다.

약효

개여뀌의 약효는 전초는 소종지통, 종양, 이질에 의한 복통, 향균 작용, 중국 남북 명지에서 약용으로 쓰인다.
털여뀌의 약효는 위장염, 혈뇨증에 쓰이며, 전초는 민간에서 해열, 이뇨에 쓰인다.

화재 응용법

종자가 저절로 떨어져 쉽게 발아한다. 장마가 끝난 뒤 씨를 뿌리면 키를 낮출 수 있다. 강인한 식물이기 때문에 어떤 환경이나 토양에서도 잘 자란다.

털여뀌

힌여뀌

▲ 흰여뀌

[과명] 마디풀과 [학명] Persicaria blumei GROSS [분포] 전국 각지 [개화] 4월~10월 [용도] 관상용·약용(줄기, 잎)

# 새우난초

햇빛 관계 : 내음성, 반음 / 내한성 : 강 / 물관리 : 보통 / 비료관리 : 보통

특성과 형태

상록성의 다년생 난과 식물로 높이 50cm 내외. 위경이 옆으로 뻗으며 잔뿌리가 많고 잎은 2년 생으로 긴 타원형이며 주름이 진다.
꽃은 자주색·백색·담자색·황금색 등 줄기 윗부분에 10~15 송이씩 밑에서부터 차례로 핀다.

화재 응용법

증식은 주로 포기나누기로 한다. 묵은 위경을 2~3개씩 잘라 수태에 싸서 심고 물을 주어 습도를 유지하면 3개월 후 눈이 나온다. 부엽질이 다량 함유되고 통기성과 배수성이 좋으며 적당한 보습성이 유지되는 장소에서 재배한다.

새우난초

▲ 새우난초　　　　　　　　　　　　　　　　　　▼ 환경부 보호식물 37호 (희귀종)

[과명] 난초과　**[학명]** Calanthe discolor LINDL,　**[분포]** 제주도・남부 도서 지방　**[개화]** 4월~5월　**[용도]** 관상용

금새우난초

햇빛 관계 : 반양 / 내한성 : 강 / 물관리 : 보통 / 비료관리 : 보통

특성과 형태

다년생 식물로 높이 40cm 내외. 잎은 밑부분에서 모여 나오며 주름이 많고 넓은 타원형이다. 꽃은 새우난과 비슷하지만 빛깔은 선황색으로 줄기 상단에 많이 달리며 향기가 있다.

화재 응용법

무균 배양으로 종자 번식이 가능하나 힘이 든다. 묵은 위경을 2~3개씩 나누어 수태에 싸서 심고 물을 주어 습도를 유지하면 3개월 후 눈이 나온다. 부엽질이 다량 함유되어 있고 통기성과 배수성이 좋으며 적당한 보습성이 유지되는 장소에서 재배한다.

금새우난

은대나초

▲ 흰갈매기 난초

▼ 환경부 보호식물 38호(희귀종)

[과명] 난초과　[학명] Calanthe striata R. BR　[분포] 제주도·서남 해안　[개화] 4월~5월　[용도] 관상용

삼지구엽초 I

햇빛 관계 : 음지 / 내한성 : 강 / 물관리 : 좋아함 / 비료관리 : 보통

특성과 형태
다년생 식물로 높이 20~30cm 내외이며 숲속 그늘에서 자란다. 한 포기에 한 개의 줄기가 곧게 자라며 잎은 약간 길쭉한 심장꼴이다. 3개로 갈라진 끝에 3장씩 모두 9장의 잎이 달리기 때문에 삼지구엽초(三枝九葉草)라 한다. 꽃은 연한 노란색으로 밑을 향해 4~5송이씩 핀다.

약효
보신양, 중년 건망, 영인무자, 갱년기 고혈압, 장부구, 강지, 양위절상, 경증통, 익기력, 보정 강장, 음위, 건망 및 동물정력제

화재 응용법
가을 분갈이시 포기 나누기를 해서 증식할 수 있고 5~6월 종자를 채취하여 묘판에 파종한다. 발아한 어린 묘는 이식 후 약 3년 정도 지나면 꽃이 핀다. 부엽질이 풍부한 토양으로 반 그늘진 장소에서 재배하는것이 좋으며 여름철 고온은 피하는 것이 좋다.

삼지구엽초

▲ 삼지구엽초　　　　　　　　　　　　　　▼ 환경부 보호식물 66호 (멸종 위기종)

[과명] 매자나무과　[학명] Epimedium koreanum NAKAI　[분포] 경기 이북　[개화] 4월~5월　[용도] 약용(전초)·관상용

삼지구엽초 2

햇빛 관계 : 음지 / 내한성 : 강 / 물관리 : 좋아함 / 비료관리 : 보통

삼지구엽초 일명 음양곽이라 불리는 희귀식물로서 예로부터 자양, 강장제로 사용한 중요한 생약재이다.

▲ 삼지구엽초(꽃)

▼ 삼지구엽초와 병꽃나무 환경부 보호 식물 66호 (멸종 위기종)

[과명] 매자나무과   [학명] Epimedium koreanum NAKAI   [분포] 경기 이북   [개화] 4월~5월   [용도] 약용(전초)·관상용

윤판나물

햇빛 관계 : 반양, 반음 / 내한성 : 강 / 물관리 : 좋아함 / 비료관리 : 좋아함

특성과 형태

다년생 식물로 줄기는 꼿꼿이 서고 윗쪽에서 약간의 가지를 치며 높이 30~50cm 내외. 잎은 긴 타원형으로 끝이 뾰족하고 마디마다 한 잎씩 어긋나게 달리며 꽃은 봄에 가지 끝에 두세 송이씩 밑을 향해 달리는데 통 모양으로 끝이 벌어지지 않는다.

약효

약성은 평하고 감하여 윤폐, 진해, 건비, 소적에 효능

화재 응용법

분갈이시 포기 나누기를 하여 번식하고 삽목은 윗부분을 2~3마디 잘라서 모래판에 꽂으면 뿌리가 잘 내린다. 부엽질이 풍부하고 보습성이 좋은 토양에서 재배하는 것이 좋다. 강한 광선을 피해 반 그늘진 장소가 좋다.

윤판나물

▲ 죽대아재비

[과명] 백합과　**[학명]** Disporum sessile D. DON　**[분포]** 중부 이남·제주도·울릉도　**[개화]** 4월~5월
[용도] 식용(어린 새싹)·약용(전초)

 산괴불주머니

햇빛 관계 : 호광성 / 내한성 : 강 / 물관리 : 보통 / 비료관리 : 보통

특성과 형태

2년생 식물로 높이 40~60cm 정도 자라며 식물 전체가 흰빛을 띤 녹색이다. 줄기는 속이 비어 있으며 잎은 깃털 모양으로 갈라지며 부드럽다. 꽃은 황색으로 한쪽으로 치우쳐 핀다.
비슷한 종류로는 눈괴불주머니와 자주괴불주머니가 있다.

화재 응용법

분주를 통해 번식을 할 수 있으나 6~7월 경에 자연적으로 떨어진 종자가 발아하면 이식한다. 물빠짐이 좋은 사질 토양으로 보습성이 있고 햇빛이 잘 드는 곳에서 재배한다. 강인한 식물이기에 어떤 장소에서도 재배가 용이하다.

산괴불주머니

[과명] 양귀비과 [학명] Corydalis speciosa MAX. [분포] 전국 각지 [개화] 4월~5월 [용도] 식용(세싹)·약용(전초)

동의나물

햇빛 관계 : 반양, 반음 / 내한성: 강 / 물관리 : 좋아함 / 비료관리 : 보통

특성과 형태

다년생 식물로 높이 30~50cm 내외이며 산간 습지에서 자란다. 줄기는 옆으로 비스듬히 자라며 뿌리에서 나온 잎은 심장꼴이고 가장자리에 무딘 톱니가 있다. 꽃은 황금빛으로 2~3송이가 줄기 끝에 피는데 꽃잎처럼 보이는 것은 꽃받침이 변한 것이다. 유독성 식물이다.

화재 응용법

가을철 분갈이시 포기 나누기를 하여 번식해도 좋고 6월에 종자를 채취하여 반 그늘진 곳에 묘판을 만들어 파종한다. 이듬해 봄에 발아한 묘를 이식하여 재배하면 그 해에 꽃을 볼 수 있다. 보습성이 좋은 토양으로 오전 햇빛이 잘 드는 적당한 장소에서 가끔 시비를 하면서 재배한다.

동의나물

[과명] 미나리아재비과　[학명] Caltha palustris var. membranacea TURCZ.　[분포] 전국　[개화] 4~6월　[용도] 관상용

섬노루귀

햇빛 관계 : 내음성 / 내한성 : 강 / 물관리 : 좋아함 / 비료관리 : 좋아함

특성과 형태

다년생 식물로 높이 20~30cm 내외이며 울릉도의 산간 숲속에서 자란다. 줄기가 옆으로 비스듬히 누워 자라며 뿌리에 마디가 많고 잎은 상록성이며 근경에 모여난다. 잎은 타원형으로 잎자루가 길고 털이 많으며 표면에 윤기가 있다. 잎이 나오기 전에 먼저 꽃대가 나와 그 끝에 한 송이의 꽃이 피는 데 꽃잎은 없고 6~8장의 꽃받침이 마치 꽃잎처럼 보인다.

울릉도에서만 자라기에 섬노루귀란 이름이 붙었다. 한방과 민간에서 창종·충독·진통제로 사용한다. 유독성 식물이며 더위에 약하다.

화재 응용법

분갈이할 때 포기 나누기를 하여 번식하면 가장 좋다. 종자를 채취하여 초여름에 직파하면 이듬해 봄에 발아한다. 어린 묘를 이식하면 쉽게 번식된다. 개화까지 3~5년 정도 걸린다.

분에 재배할시는 분의 크기에 따라 산모래나 마사토에 20~30%의 부엽토를 혼합해서 배수 처리가 잘 되도록 한다.

섬노루귀

▲ 노루귀

[과명] 미나리아재비과　[학명] Hepatica maxima NAKAI　[분포] 울릉도　[개화] 4~6월　[용도] 관상용・약용(뿌리)

노루귀

햇빛 관계 : 내음성 / 내한성: 강 / 물관리 : 좋아함 / 비료관리 : 좋아함

특성과 형태
다년생 식물로 뿌리로부터 나온 잎은 세모꼴을 한 타원형이며 3갈래로 갈라진다. 긴 털이 돋아난 잎 모양이 마치 노루의 귀를 닮아서 붙여진 이름이다. 꽃은 백색·담홍색·자주색 등이고 꽃자루 끝에 한 송이씩 달린다. 잎이 나오기 전에 꽃이 먼저 피며 울릉도에는 잎이 큰 섬노루귀가 있고 제주도와 남부지방에는 잎에 흰무늬가 들어 있는 새끼노루귀가 있다.

약효
장지환 치료약, 두통, 해수

화재 응용법
분갈이하면서 포기 나누기를 한다. 종자를 채취하여 초여름에 직파하면 이듬해 봄에 발아한다. 개화까지 4~5년 정도 걸린다. 반그늘진 낙엽수 아래 부엽질이 풍부한 비옥한 토양에서 재배한다.

노루귀의 반엽

노루귀

노루귀

[과명] 미나리아재비과   [학명] Hepatica asiatica NAKAI   [분포] 전국 각지   [개화] 3~5월   [용도] 관상용

양지꽃

햇빛 관계 : 호광성 / 내한성 : 강 / 물관리 : 보통 / 비료관리 : 보통

특성과 형태

다년생 식물로 높이 30~50cm 내외. 뿌리에서 여러 장의 잎이 나와 사방으로 비스듬히 퍼지는데 잎자루가 길다. 3갈래로 갈라진 잎은 딸기 잎과 비슷하며 잎 양면에 털이 있고 가장자리에 톱니가 있다. 꽃잎은 다섯 장이며 노란색이다.

약효

익기, 지혈에 효능

화재 응용법

포기 나누기로 번식하지만 자생지에서는 종자가 떨어져 쉽게 자연 발아한다. 양지바른 곳에서 토양에 관계 없이 잘 자라는 강인한 식물이다.

양지꽃

[과명] 장미과　[학명] Potentilla fragarioides var. major MAX　[분포] 전국 각지　[개화] 4~6월　[용도] 식용

 광릉요강꽃

햇빛 관계 : 내음성 / 내한성 : 강 / 물관리 : 좋아함 / 비료관리: 보통

특성과 형태

다년생 식물로 경기도 광릉을 비롯한 산지의 숲속에서 자란다.

높이 20~40cm 내외이며 털이 있고 밑 부분에 3~4매의 비늘잎이 줄기를 감싼다. 두 장의 넓은 잎이 부채를 펼쳐 놓은 것같이 원줄기를 감싸고 가장자리는 주름이 진다. 꽃은 꽃줄기 끝에 한 송이씩 밑을 향해 달리는데 꽃색은 연초록 바탕에 연분홍색을 띤 주머니 모양이다.

화재 응용법

4~5촉을 한 포기로 해서 분주하여 번식하며 기르기가 매우 까다롭다.

조직 배양을 통해 번식할 수 있으나 무척 어렵다. 부엽질이 풍부한 사질 양토에 심어 주고 오전 중에는 햇빛이 잘 들며 여름철에는 반 그늘진 장소에서 관리한다.

환경부 보호식물 40호(희귀종)

[과명] 난초과 [학명] Cypripedium japonicum THUNBERG [분포] 경기 북부·광릉 지방·덕유산 [개화] 4~5월
[용도] 약용(전초)·관상용

 깽깽이풀

햇빛 관계 : 반양, 반음 / 내한성 : 강 / 물관리 : 보통 / 비료관리 : 좋아함(비옥토)

특성과 형태

다년생 식물로 높이 20~25cm 내외이다. 계곡의 동향으로 약간 습하고 반 그늘진 곳을 좋아한다. 줄기가 없고 뿌리에서 나온 잎은 연잎을 닮았다. 봄에 담자홍색의 아름다운 꽃이 잎보다 먼저 나와 여러 송이 핀다. 꽃받침은 6~8매이다.

화재 응용법

분갈이시 포기 나누기로 번식한다. 분갈이는 2~3년에 1회 실시하며 그때 뿌리를 다치지 않도록 한다. 5~6월에 채취한 종자를 즉시 묘판에 직파하여 반 그늘지고 보습성이 충분하도록 유지해 준다. 이듬해 봄에 발아한 어린 묘는 1년 동안 묘판에서 기른 후 다음해 봄에 이식한다.
부엽질과 유기질이 풍부한 비옥한 땅에 심는다. 반 그늘지고 보습성이 좋은 장소에서 관리한다.

깽깽이풀

▲ 깽깽이풀　　　　　　　　　　　　　▼ 깽깽이풀-백화 환경부 보호 식물 67호 (멸종위기종)

[과명] 미나리아재비과　　[학명] Jeffersonia dubia Benth. et HOOK.　　[분포] 중부·북부　　[개화] 3월~4월　　[용도] 약용(뿌리)

 바위말발도리

햇빛 관계 : 반양, 반음 / 내한성 : 강 / 물관리 : 좋아함 / 비료관리 : 보통

특성과 형태

바위 틈에서 자라는 낙엽소관목이다. 줄기는 밑동에서부터 여러 갈래로 갈라지며 잔가지를 많이 친다. 잎은 계란꼴 또는 타원형으로 길이 3~4cm이며 마디마다 2장의 잎이 마주나고 앞 뒤면에 잔털이 있으며 가장자리에 톱니가 있다. 꽃은 매화꽃처럼 생긴 흰 꽃이 묵은 줄기의 마디에 한 두 송이씩 핀다.

화재 응용법

주로 꺾꽂이로 증식하거나 분갈이시에 포기 나누기를 통해 번식하는데 두 가지 다 이른 봄에 실시한다. 공중 습도를 좋아 하므로 반 그늘지고 부엽질과 유기질이 풍부한 토양에 심어 재배한다.

▲ 매화말발도리

[과명] 범의귀과　[학명] Deutzia prunifolia REHDER　[분포] 전국　[개화] 4월~5월　[용도] 관상용

처녀치마

햇빛 관계 : 내음성 / 내한성 : 강 / 물관리 : 좋아함 / 비료관리 : 좋아함

특성과 형태
다년생 식물로 뿌리에서 나온 잎은 방석처럼 땅에 붙어서 둥글게 펴 진다. 중심부에서 10cm 정도의 꽃대가 올라와 그 끝에서 10송이 정도 둥글게 뭉쳐서 피는데 붉은색을 띤 보라색이다. 꽃 색깔에 변이가 많아서 흰색·분홍색 꽃도 있다.

화재 응용법
주로 포기 나누기를 통해 증식하거나 가을에 종자를 채취해서 부엽질이 많은 마사토에 이끼를 섞어 습기가 유지되게 하여 직파한다. 엽삽(잎꽂이)으로도 번식할 수 있다.
그늘진 낙엽수 하부에 심는다. 부엽질이 풍부한 비옥한 토질에서 재배하는 것이 좋다.

자주처녀치마

흰처녀치마

▲ 처녀치마

[과명] 백합과　[학명] Heloniopsis orientalis (THUNBERG) C. TANAKA　[분포] 전국 각지　[개화] 4월~6월　[용도] 관상용

개족도리

햇빛 관계 : 내음성 / 내한성 : 강 / 물관리 : 보통 / 비료관리 : 보통

특성과 형태

다년생 식물로 높이 20cm 내외이다. 근경은 짧은 마디로 되어 있으며 매운맛을 가지고 있다. 잎은 넓은 심장꼴이고 끝이 뾰족하다. 꽃은 검은 홍자색으로 땅에 붙어서 피는데 꽃의 모양이 족도리 같다고 해서 족도리란 이름을 얻었다.

화재 응용법

봄, 가을 갈아 심기할 때 뿌리줄기의 마디 사이를 끊어 번식한다. 습기를 좋아하기 때문에 보습성이 좋고 부엽질과 유기질이 풍부한 토양에 심어 재배하는 것이 좋다.

봄꽃합식

환경부 보호 식물 53호 (한국 특산종)

족도리

[과명] 쥐방울덩굴과   [학명] Asarum maculatum NAKAI   [분포] 전국 각지   [개화] 4월~5월   [용도] 약용·관상용

조개나물

햇빛 관계 : 호광성 / 내한성 : 강 / 물관리 : 내건성 / 비료관리 : 싫어함

특성과 형태
다년생 식물로 높이 30cm 내외. 잎은 마주 나오고 긴 타원형이며 긴털이 밀생하나 점차 없어지며 가장자리에 톱니가 있다. 꽃은 벽자색으로 줄기 끝부분에 뭉쳐서 핀다. 흰 꽃이 피는 흰조개나물과 분홍꽃이 피는 붉은조개나물이 있다.

약효
조개나물의 약효는 이뇨 및 연주창, 임질, 치창, 골근통, 혈어, 하혈
금장초의 약효는 전초(잎, 엽병)는 청열해독 작용, 기침, 거담, 양근화혈, 급성만성 기관지염, 인염, 편도선염, 관절염, 외상출혈, 어혈, 토혈, 지사

화재 응용법
가을 분갈이시 포기 나누기를 하여 번식하며 5~6월에 종자를 채취하여 즉시 모래상자에 직파하면 이듬해 봄에 발아한다. 물빠짐이 좋은 사질 양토에 심어서 재배한다. 햇빛이 잘 드는 곳이나 반 그늘에서도 잘 자라며 메마르고 척박한 조건에서 재배하는 것이 좋다.

금창초

조개나물

조개나물

[과명] 꿀풀과　[학명] Ajuga multiflora BUNCE　[분포] 남·중·북부　[개화] 4월~6월　[용도] 관상용·약용(줄기, 잎)

뱀딸기

햇빛 관계 : 반양, 반음 / 내한성 : 강 / 물관리 : 좋아함 / 비료관리 : 보통

특성과 형태
다년생 식물로 줄기가 땅 위를 기면서 마디마다 뿌리를 내리고 싹이 자란다. 잎은 딸기잎과 비슷하며 뒷면에 긴 털이 있다. 잎 겨드랑이에서 꽃대가 자라 다섯 장의 꽃잎을 한 꽃이 노랗게 피고 붉고 둥근 열매로 익는다. 열매는 먹을 수 있지만 맛이 싱겁다.

약효
청열해독, 피부암, 혈성암, 자궁암 등 암 치료제로 쓰인다.

화재 응용법
어떤 토양에서도 잘 자라므로 싹을 따서 삽목한다. 포기 나누기로 쉽게 번식할 수 있다. 강인한 식물로서 어떤 토양에서도 잘 자란다. 햇빛이 잘 들고 부엽질이나 유기질이 풍부한 토양에 심어 관리한다.

꽃딸기

뱀딸기

뱀딸기

[과명] 장미과 [학명] Duchesnea chrysantha (Zoll. et Morr.) MIQ [분포] 전국 각지 [개화] 4월~6월 [용도] 식용(열매)

 머위

햇빛 관계 : 반양, 반음 / 내한성 : 강 / 물관리 : 보통 / 비료관리 : 보통

특성과 형태

다년생 식물로 땅속줄기가 사방으로 뻗으며 이른 봄에 꽃줄기가 먼저 나오고 잎은 꽃이 지고 난 다음 뿌리로부터 직접 자란다.
잎은 넓은 신장꼴이며 가장자리에 불규칙한 톱니가 있다. 꽃은 수꽃과 암꽃이 황백색 또는 백색으로 줄기 끝에 둥글게 다닥다닥 붙는다.

약효

진해, 거담, 해수, 후비, 폐옹, 폐위 토혈

화재 응용법

포기 나누기를 하여 번식한다. 땅속 줄기를 2~3마디씩 잘라 모래에 꽂으면 싹과 뿌리가 돋아난다. 분에 재배할시는 가루를 뺀 산 모래나 마사토를 사용한다.

대왕머위

머위

[과명] 국화과　[학명] Petasites japonicus (SIEB. et ZUCC) MAXIM.　[분포] 전국　[개화] 4월~5월　[용도] 식용·약용(전초)

산작약(백작약)

햇빛 관계 : 반음, 반양 / 내한성 : 강 / 물관리 : 좋아함 / 비료관리 : 좋아함

특성과 형태
다년생 식물로 높이 40cm 내외. 뿌리는 길고 굵으며 줄기는 꼿꼿이 서고 잎은 3갈래로 두 번 갈라지는 깃털꼴겹잎으로 뒷면은 흰 빛을 띤다. 줄기 끝에서 희고 풍만한 꽃이 한 송이씩 피는데 항상 반 정도만 벌어지고 완전히 벌어지지 않는다. 꽃잎은 5~7장이며 비슷한 종류로 붉은 꽃이 피는 적작약이 있다.

약효
뿌리는 보혈, 염음, 월경 과소, 월경 지연 등, 월경 조정약, 유간, 평간, 완급지통, 음액 누출을 예방, 간양상황, 간기울결, 산염, 화혈맥, 협통, 안비폐, 일체 혈병, 보혈의 상용약

화재 응용법
분갈이를 할 때 포기 나누기로 번식하되 자주 포기 나누기를 하면 꽃이 피지 않는다. 부엽질이나 유기질이 풍부한 토양에 심어 반 그늘진 곳에서 관리한다.

백작약

▲ 작약

[과명] 미나리아재비과　**[학명]** Paeonia japonica MIYABE et TAKEDA　**[분포]** 남·중·북부　**[개화]** 4월~6월
[용도] 약용(뿌리)·관상용

 누운주름잎

햇빛 관계 : 호광성 / 내한성 : 강 / 물관리 : 내습성 / 비료관리 : 좋아함

특성과 형태

다년생식물로 다소 습한 곳에서 자라며 키가 낮다. 꽃이 핀 뒤 줄기가 빠른 속도로 자란다.

봄부터 여름에 걸쳐 입술 모양의 꽃이 피며 암술머리를 건드리면 꽃이 닫히는 습성을 가지고 있다.

꽃색은 보라빛을 띤다. 이와 흡사한 종류로 줄기 없이 땅을 기며 꽃이 약간 작게 피는 주름잎이 전국 각지에 서식한다.

화재 응용법

주로 포기나누기나 줄기를 짧게 잘라 삽수로 쓰면 쉽게 뿌리를 내린다. 종자를 채취하여 곧바로 파종한다.

강인한 식물이기 때문에 지나치게 습하지 않으면 어떤 토양에서도 쉽게 가꿀 수 있다.

누운주름잎

[과명] 현삼과　[학명] Mazus miquelii Makino　[분포] 남부. 강이나 냇가(주름잎은 전국)　[개화] 4월~7월　[용도] 관상용

 석곡

햇빛 관계 : 반양, 반음 / 내한성 : 강 / 물관리 : 좋아함 / 비료관리 : 보통

특성과 형태

다년생 식물로 뿌리가 밖으로 노출되어 살아 가는 착생란이다.
줄기는 마디를 이루고 위쪽 마디에서 잎이 나오며 넓은 피침형 또는 선형으로 푸른 잎이 몇 장씩 붙어서 상록성을 유지한다. 꽃은 흰색이나 담홍색을 피며 향기가 좋다. 잎에 무늬가 있는 변이 종이 많다.

약효

보음, 강정, 해열약, 소염, 치열, 강장약, 생진지탕, 자음청열, 음위, 도한 등

화재 응용법

줄기를 2~4마디씩 잘라서 수태(물이끼)에 심고 물을 뿌려 습도를 유지해 준다. 햇빛을 충분히 쪼여주면 뿌리를 잘 내린다. 착생종이기 때문에 바위나 고목나무 또는 해고판에 수태를 감싸 뿌리를 붙여 주고 수태가 마르지 않도록 스프레이를 게을리하지 않는다.

석곡

환경부 보호 식물 47호 (희귀종)

[과명] 난초과 **[학명]** Dendrobiun moniliforme (L.) SW. **[분포]** 제주도·남해 도서 지방 **[개화]** 5월~6월
[용도] 관상용·약용(줄기)

 개불알꽃

햇빛 관계 : 반음 / 내한성 : 강 / 물관리 : 보통 / 비료관리 : 보통

특성과 형태
다년생 식물로 높이 25~40cm 내외. 꽃 모양이 마치 주머니와 같아서 복주머니꽃이라고도 한다. 근경이 옆으로 뻗으며 마디에서 뿌리를 내리고 잎은 3~5장이며 타원형이다. 털이 드믄드믄 있으며 꽃은 연한 붉은색으로 원줄기 끝에 한 송이씩 달린다. 관상 가치가 매우 높은 식물이다.

약효
이뇨, 활혈, 거습, 진통의 작용이 있으므로 전신 부종이 치료되고, 붓는 데 좋으며 지혈제로도 쓰이며 개불알나물은 술을 담가 먹기도 한다.

화재 응용법
분갈이시 포기나누기, 즉 3~4촉씩 신아를 떼어서 분주하면 뿌리가 잘 내린다. 실생 재배는 아주 어려워 번식 방법이 확립되지 않은 실정이다. 부엽질과 유기질이 풍부한 반 그늘진 장소에서 가꾼다.

개불알꽃

[과명] 난초과　[학명] Cypripedium macranthum SW.　[분포] 고산 지대 숲속 그늘　[개화] 5월~6월　[용도] 관상용

자란

햇빛 관계 : 호광성 / 내한성 : 강 / 물관리 : 내건성 / 비료관리 : 보통

특성과 형태

다년생 식물로 높이 40~50cm 내외이다. 야생란 중에서 햇빛을 가장 좋아한다. 잎은 밑 부분에서 5~6매가 서로 감싸며 어긋 달린다. 긴 타원형 잎은 끝이 뾰족하고 주름이 진다.
꽃은 홍자색에서 흰색에 이르기까지 다양하고 성장이 좋으면 5~7송이 정도 달린다. 잎에 복륜·호 등의 무늬 종도 있다.

화재 응용법

파종을 통해 발아는 아주 어렵고, 늦은 가을에 눈이 있는 괴경을 떼어 쉽게 증식할 수 있다. 내한성이 강한 식물로 어떤 토양도 가리지 않고 잘 자라지만 부엽질이 좋은 곳이면 더욱 좋다.

자란(복륜백화)

자란(홍화)

▲ 자란(백화)

[과명] 난초과   [학명] Bletilla striata REICHB. fil.   [분포] 남해 해안 도서 지방   [개화] 5월~6월   [용도] 관상용·약용(조경)

 은방울꽃

햇빛 관계 : 반음 / 내한성 : 강 / 물관리: 좋아함 / 비료관리 : 좋아함

특성과 형태

다년생 식물로 넓은 잎은 2장이며 타원형이고 높이 20cm 내외이다.

잎 사이로 꽃대가 올라와 종 모양의 작고 하얀 꽃이 여러 송이 피는데 꽃줄기는 잎보다 작다. 꽃은 향기가 매우 좋다. 열매는 가을에 붉게 익는다.

화재 응용법

지하경이 옆으로 왕성하게 퍼져 나가는데 이른 봄에 포기 나누기를 하여 번식하는 것이 가장 무난하다. 실생묘는 4~5년 걸려 개화하므로 양묘 기간이 긴 편이다.

강인한 식물이기에 재배는 용이한 편이다. 약간 비옥한 토양으로 보습성이 있는 토양에 모아 심는 것이 좋다.

은방울꽃

[과명] 백합과　[학명] Convallaria keiskei MIQUEL　[분포] 전국　[개화] 5월~6월　[용도] 관상용·약용(전초)

참개별꽃

햇빛 관계 : 반양, 반음 / 내한성 : 강 / 물관리 : 좋아함 / 비료관리 : 보통

특성과 형태

다년생 식물로 경기 이북의 숲 가장자리에서 자란다. 높이 25cm 내외로 잎은 마주나고 밑 부분의 잎은 좁은 피침형이다. 꽃은 백색이고 원줄기 끝에 1송이씩 위를 향해 핀다.

화재 응용법

분갈이시 포기 나누기로 증식하거나 씨를 뿌리면 쉽게 싹이 튼다. 물 빠짐이 좋은 사질토로 부엽질이 풍부한 곳에 심으며, 봄에는 햇빛이 잘 들고 여름에는 반 그늘진 곳에서 재배하는 것이 좋다.

큰개별꽃

개별꽃

▲ 개별꽃　　　　　　　　　　　　　　　　　　　　▼ 점나도 나물

[과명] 석죽과　[학명] Pseudostellaria coreana NAKAIOHWI　[분포] 제주도·남부·중부　[개화] 5월
[용도] 식용(어린순)·약용(전초)

민백미꽃

햇빛 관계 : 호광성 / 내한성 : 강 / 물관리 : 보통 / 비료관리 : 보통

특성과 형태
다년생 식물로 전국의 산지 풀밭에서 자란다. 높이 30~60cm 내외. 잎은 마디마다 2매가 마주 나며 계란형에 가까운 타원형이다. 꽃은 줄기 끝에 피고 5장의 꽃잎을 한 별 모양의 흰 꽃이 뭉쳐서 핀다.

약효
풍증이나 놀란 증상 등을 치료하는 데 쓰인다.

화재 응용법
분갈이할 때 포기 나누기를 하여 번식한다. 실생의 경우 가을에 종자를 채취하여 봄에 파종한다. 종자에 긴 털이 달려서 잘 날아가기 때문에 조심해서 채취해야 한다. 부엽질이나 유기질이 풍부한 낙엽활엽수 아래 심고 햇빛이 잘 들게 한다.

민백미

[과명] 박주가리과 [학명] Cynanchum ascyrifolium (FR. et SAV.) MATSUMURA [분포] 전국 산야 [개화] 5월~7월
[용도] 약용(뿌리)

수국 *Hydrangea*

범의귀과에 딸린 갈잎떨기나무로 키는 1m 가량이며 잎은 마주나며 끝이 뾰족한 타원형인데 두껍고 윤이 난다. 그리고 가장자리에는 톱니가 있다. 6~7월경에 지름 10~15cm의 많은 꽃이 우산 모양의 꽃차례로 피어 둥근 공 모양을 이룬다. 꽃빛깔은 보라·자주·흰빛·파랑 등이 있으며, 열매는 맺지 못한다. 꽃말은 '소녀의 꿈·변하기 쉬운 마음'이다.

사진으로보는 **자운영**

고비

햇빛 관계 : 반음 / 내한성 : 강 / 물관리 : 좋아함 / 비료관리 : 보통

특성과 형태
다년생 식물로 높이 60~100cm 내외. 뿌리에서 나온 잎은 사방으로 넓게 퍼진다. 어린 순은 적갈색 털로 덮여 있으며 자라면서 없어진다. 생장엽과 생식엽이 따로따로 나온다. 완전히 자란 잎은 연한 초록색이며 털이 없어 매끄럽다. 어린 싹은 나물로 먹는다.

약효
고비의 약효는 청열해독, 뇨혈, 이질, 붕루, 감기, 이뇨제, 고혈압 치료제
관중의 약효는 청열 해독, 구충, 지혈, 충적 복통, 붕루, 촌충 구제약, 목에 가시가 걸렸을 때

화재 응용법
포기 나누기로 증식한다. 마른 이끼에 포자를 뿌려서 습도를 유지해 주면 싹이 돋아난다. 분에 재배할시는 산모래나 마사토에 20%의 부엽토를 혼합하여 심는다. 포기의 크기에 따라 분의 크기를 달리하는 것이 좋다.

고비

▲ 관중 환경부 보호 식물 2호 (감소 추세종)

[과명] 고비科　[학명] Osmunda japonica THUNB.　[분포] 전국　[개화]　[용도] 식용·약용(전초)

우단일엽

햇빛 관계 : 내음성 / 내한성 : 보통 / 물관리 : 좋아함 / 비료관리 : 보통

특성과 형태

바위나 나무 줄기에 붙어 자라는 상록성 양치식물이다. 뿌리줄기가 옆으로 뻗으며 끝 부분에 인편이 밀생하고 잎이 드문드문 나온다. 인편은 뿌리 줄기에 밀착하며 삼각상 난형으로 끝이 뾰족하고 흑갈색이다.

고란초의 약효

무독, 해열, 양혈, 종기, 결핵, 오림, 부스럼, 하혈, 이뇨제, 임질약

화재 응용법

봄에 포기 나누기로 증식시킨다. 포자로 번식하지만 쉽지 않다. 포자를 수태에 파종하여 공중습도를 유지하면 싹이 돋아난다. 분에 재배할 시는 가루를 뺀 산모래나 마사토에 수태(물이끼)를 잘게 잘라서 20% 정도 섞어 얕게 심어 준다.

일엽초

산일엽초

▲ 고란초 환경부 보호 식물 2호 (희귀종)

[과명] 고란초과　**[학명]** Pyrrosia Linearifolia (HOOKER) CHING　**[분포]** 전국 각지　**[개화]**　**[용도]** 관상용 · 약용(포자)

 산일엽초

햇빛 관계 : 반양, 반음 / 내한성 : 강 / 물관리 : 좋아함 / 비료관리 : 보통

특성과 형태

상록성 양치식물이다. 가느다란 근경이 옆으로 뻗으며 잎이 드믄드믄 나온다. 선상 피침형 잎은 연두색이 도는 녹색으로 뒷면은 흰빛이 돌고 좌우에 포자낭이 달린다. 비슷한 종으로 일엽초·다시마일엽초·밤일엽초·애기일엽초·우단일엽초 등이 있다.

화재 응용법

잎에 붙은 근경을 잘라 분주하면 번식이 잘 된다. 분에 재배할시는 마사토에 부엽토를 40% 정도 섞어서 심고 공중습도를 잘 유지하는 것이 좋다.

산일엽초

▲ 산일엽초　　　　　　　　　　　　　　　▼ 산일엽초 (도입종)

[과명] 고란초과　[학명] Lepisorus ussuriensis (REGEL et MAACK) CHING　[분포] 제주도·울릉도·남부해안　[개화]
[용도] 관상용. 약용(전초)

 # 세뿔석위

햇빛 관계 : 반양, 반음 / 내한성 : 강 / 물관리 : 좋아함 / 비료관리 : 보통

특성과 형태

상록성 양치식물이다. 높이는 15~20cm 내외로 뿌리줄기가 짤막하게 옆으로 기면서 자란다. 잎자루가 길며 잎은 3~5갈래로 갈라졌으나 3갈래로 갈라진 가운데 잎이 더 길어서 마치 쇠창살처럼 보인다. 잎의 표면은 녹색이고 뒷면과 잎자루에 갈색 털이 밀생한다.

약효

잎은 이뇨통림, 청열지혈, 열림, 석림, 토혈, 뉵혈, 뇨혈, 붕루, 폐열해수, 해열 이뇨제 및 치료제

화재 응용법

분갈이할 때 포기 나누기를 통해 번식한다. 분에 재배할시는 분의 밑 부분에 20~25% 정도 굵은 마사를 깔고 가루를 뺀 산모래나 마사토에 부엽토를 30~40% 정도 섞은 흙에 심고 배수가 잘 되게 한다.

세뿔석위

석위

세뿔석위

[과명] 고란초과　[학명] Pyrrosia tricuspis (SW.) TAGAWA　[분포] 황해도 이남 해안·제주　[개화]　[용도] 약용

 엉겅퀴

햇빛 관계 : 호광성 / 내한성 : 강 / 물관리 : 좋아함 / 비료관리 : 보통

특성과 형태
다년생 식물로 높이 50~100cm로 자란다. 잎은 크고 길게 갈라지며 가시가 많다. 길게 자란 원줄기와 가지 끝에 한 송이씩 홍자색 또는 진홍색 꽃을 피우는데 꽃잎은 실오라기처럼 가는 관상화가 모여 수술처럼 보인다.

약효
뿌리는 정력제, 치조, 온혈제, 보양, 신경통, 이뇨, 지상부는 양혈 지혈, 거어 소종, 뉵혈, 토혈, 요혈, 편혈, 붕루하혈, 외상 출혈, 옹종 창독

화재 응용법
봄가을에 분갈이를 할 때 포기 나누기로 번식한다. 실생은 종자를 채취하며 이듬해 3~4월 직파하면 2~3주 후에 발아한다. 겨울을 넘기고 이듬해 봄 싹이 자라 그 해 여름 꽃이 핀다. 키가 크게 자라는 식물이기에 양지바르고 물 빠짐이 좋은 사질토에 심어 키를 낮게 가꾸어야 한다.

엉겅퀴

[과명] 국화과 [학명] Cirsium japonicum var. ussuriense KITAMURA [분포] 전국 [개화] 5월~6월
[용도] 식용(어린순), 약용(뿌리)

주름제비난

햇빛 관계 : 반음 / 내한성 : 강/ 물관리 : 내서성 / 비료관리 : 보통

특성과 형태

다년생 식물로 높이 30~60cm 내외. 뿌리의 일부분이 굵어지고 4~7장의 잎이 호생한다. 잎은 긴 타원형이고 가장자리에 주름이 많이가며 끝이 둔하다. 꽃은 연한 홍색이고 많이 달린다. 포는 녹색이며 가늘고 꽃보다 길다.

화재 응용법

분갈이시 포기 나누기로 번식한다. 분에 재배할시는 가루를 뺀 산모래나 마사토에 부엽토를 20% 정도 섞어서 조금 깊은 분에 심어야 한다.

주름제비난

[과명] 난초과 [학명] Gymnadenia camtschatica MIYABE et KUDO [분포] 울릉도·한라산·북부 지방의 숲
[개화] 5월~6월 [용도] 관상용

바위취 I

햇빛 관계 : 호광성 / 내한성 : 강 / 물관리 : 좋아함 / 비료관리 : 좋아함

특성과 형태

일본이 원산지인 상록성 다년생 식물로 온 몸이 털로 덮여 있다. 잎은 심장꼴로 전면은 흰 줄무늬가 뚜렷하며 후면은 붉은색을 띤 자주색이다. 잎보다 긴 잎자루 끝에 큰 대(大)자 처럼 생긴 흰 꽃이 많이 달린다. 잎 사이에 가는 포복경이 길게 신장하여 그 끝에 새로운 포기를 만들어 늘어난다.

약효

전초를 즙을 내서 백일해, 화상, 동상 등에 쓴다.

화재 응용법

포복경 끝에서 새로 자라난 싹을 잘라 심으면 쉽게 싹이 돋아난다. 적응력이 강하여 어떤 흙에 심어도 잘 자라지만 산모래와 마사토를 사용해 심는 것이 좋다. 물을 좋아하기 때문에 매일 1회 정도 주고 물 빠짐을 좋게 하여 과습 상태에 놓이지 않도록 한다.

참바위취

▲ 바위취

[과명] 범의귀쳐 [학명] Saxifraga stolonifera MEERB [분포] 전국 각지 [개화] 5월~6월 [용도] 약용(전초)

 바위취 2

햇빛 관계 : 호광성 / 내한성 : 강 / 물관리 : 좋아함 / 비료관리 : 좋아함

일본이 원산지로서 오래전에 도입하여 전국 도처에서 가꾸고 있는 식물이다. 초여름에 큰 대(大)자 모양의 흰 꽃이 피는데 비슷한 종류로 바위떡풀 · 섬바위떡풀 · 참바위취 · 톱바위취 등이 있다.

바위취

[과명] 범의귀과　[학명] Saxifraga stolonifera MEERB　[분포] 전국 각지　[개화] 5월~6월　[용도] 약용(전초)

큰천남성

햇빛 관계 : 내음성 / 내한성: 중 / 물관리 : 보통 / 비료관리 : 비옥토

특성과 형태

다년생 식물로 높이 60~80cm 내외. 지하 구경에 작은 구슬 모양의 구경이 몇 개씩 달린다. 이 구경이 자라 새로운 잎과 꽃이 핀다. 줄기가 자라면서 2장의 잎을 가지는데 다시 3장의 소엽으로 갈라지며 난상 타원형으로 윤기가 있다. 봄에 2장의 잎 사이에서 꽃대가 올라와 흰빛이 감도는 푸른색 또는 짙은 자주색 꽃이 핀다. 꽃은 한 포기에 한 송이가 위를 향해 피는데 통 모양이며 끝부분이 안쪽으로 길게 꾸부러져 있으며 통부의 길이는 약 8cm 정도이다. 열매는 옥수수 모양으로 8~9월에 적색으로 성숙한다.

약효

조습화염, 거풍지경, 반신불수, 진경, 거담, 해수, 건위, 발한

화재 응용법

늦가을에 채취한 종자를 낙엽수림의 습한 곳에 직파한다. 봄에 발아한 새촉은 1년 뒤에 이식한다. 지하부의 구경을 분주하여 번식한다. 부엽질과 유기질이 풍부하고 보습성이 좋은 곳에 심어주고 반 그늘이 지게 한다.

큰천남성

[과명] 천남성과　[학명] Arisaema ringens SCHOTT　[분포] 제주·전남·경남　[개화] 4월~5월　[용도] 약용(구경)

섬천남성

햇빛 관계 : 내음성 / 내한성 : 강 / 물관리 : 좋아함 / 비료관리 : 좋아함

특성과 형태

거문도에서 자라는 다년생 식물로 높이는 30~50cm 내외. 줄기는 굵고 육질이며 연한 녹색 바탕에 자주색 점 무늬가 있다. 줄기는 외대로 자라고 2줄기의 잎이 달린다. 소엽은 5장 정도가 달리며 난상 피침형으로 길이가 10~20cm 정도이다.

꽃은 흰빛을 띤 녹색이고 통 모양으로 위를 향해 피는데 끝 부분이 안쪽으로 깊게 구부려져 있다. 통부의 길이는 약 8cm이고 열매는 붉은색이며 옥수수 모양이다. 지하부에 납작한 구경을 가지며 윗부분에 달린 수염뿌리는 사방으로 퍼진다. 잎에 백록 얼룩 무늬가 들어 있다.

약효

진경, 안면신경통, 전간, 파상풍, 중풍

화재 응용법

늦가을에 채취한 종자를 낙엽수림의 습한 곳에 직파한다. 봄에 발아한 새 촉은 1년 뒤에 이식한다. 지하부의 구경을 분주한다. 부엽질과 유기질이 풍부하고 보습성이 좋은 곳에 심어 주고 반그늘지게 한다.

넓은잎천남성

천남성 꽃

▲ 천남성 열매

▼ 환경부 보호 식물 7호 (희귀종)

[과명] 미나리아재비과　**[학명]** Adonis amurensis REGEL et RADDE　**[분포]** 전국 각지　**[개화]** 2월~4월
[용도] 관상용, 약용(뿌리)

노루발

햇빛 관계 : 내음 성/ 내한성 : 강 / 물관리 : 보통 / 비료관리 : 보통

특성과 형태

다년생 식물로 높이 15~ 25cm 내외. 뿌리로부터 나온 잎이 여러 장 자라 사방으로 퍼지며 긴 타원형이고 긴 잎자루가 있다. 잎은 상록성이며 짙은 녹색으로 윤기가 나며 두텁고 가장자리에 약간의 둔한 톱니가 있다. 잎 사이로부터 꽃대가 길게 올라와 윗부분에 작고 흰 꽃이 여러 송이 핀다. 비슷한 종으로 분홍노루발과 애기노루발·매화노루발이 있다.

약효

잎과 줄기는 풍습에 의한 관절동통, 류마티즘, 관절열, 족슬무력증, 지혈, 강장, 진통, 진정, 이습, 신보, 신허요통, 콧피, 월경 과다 거습, 절상 및 독충의 교상에 도포

화재 응용법

토양 미생물과 공생하는 식물이어서 번식이 어렵다. 그만큼 재배 또한 어려운 식물이다. 자생지에서 채취한 식물은 반드시 뿌리에 공생하는 근균을 가지고 와서 낙엽 수하부의 부엽질과 유기질이 풍부한 곳에 심는다.

노루발

노루발　　수정난풀

[과명] 노루발과　[학명] Pyrola japonica KLENZE　[분포] 전국 각지　[개화] 5월~6월　[용도] 관상용, 약용(줄기, 잎)

비짜루

햇빛 관계 : 호광성 / 내한성 : 강 / 물관리 : 보통 / 비료관리 : 보통

특성과 형태

다년생 식물로 높이 50~100cm 내외. 원줄기는 둥글고 가지를 많이 치는데 가시처럼 변한 가지는 3~9개 뭉쳐서 나온다. 잎 겨드랑이에 3~4송이가 모여 백록색 꽃을 피운다. 바닷가에서 자라는 천문동이나 도입한 식물인 아스파라거스와 아주 비슷하다.

약효

비짜루의 약효는 간장, 천식, 이뇨, 진해, 진정, 지혈, 이뇨 작용
천문동의 약효는 천식, 지갈, 이뇨, 해열, 강장, 강정약, 사화제

화재 응용법

분갈이할 때 포기 나누기로 번식한다. 가을에 붉게 익은 열매를 따 과육을 씻어 내고 속에 든 씨를 골라낸다. 봄에 이 씨를 심으면 싹이 튼다. 분에 재배할 시는 산모래나 마사토에 약간의 부엽토를 섞어서 심어 주고 비료는 물비료를 월 1~2회 정도 준다. 햇빛을 충분히 쪼여 주며 물은 하루에 한 번 준다.

비짜루

▲ 비짜루

천문동 ▼

[과명] 백합과 [학명] Asparagus schoberioides KUNTH [분포] 전국 각지 [개화] 5월~6월 [용도] 식용. 약용(뿌리)

감자난

햇빛 관계 : 반양, 반음 / 내한성 : 강 / 물관리 : 보통 / 비료관리 : 보통

특성과 형태

상록성 다년생 식물로 활엽수림 아래 비옥한 토양에서 자란다. 잎은 긴 칼날꼴이고 양쪽 끝이 뾰족하며 주름이 잡혀 있다. 위경에서 1장의 잎이 돋아나 겨울을 나고 이듬해 꽃이 핀 다음 시든다. 잎 없이 여름을 가휴면 상태로 지낸다. 꽃은 어긋나게 달리고 밑에서부터 차례로 피어 올라간다. 꽃이 지고 난 뒤에 달리는 삭과는 실테의 모양이고 말라서 벌어지면 먼지처럼 미세한 씨가 바람을 타고 날아간다. 약간의 향이 있다.

화재 응용법

포기나누기로 번식시키는 것이 가장 무난하다. 씨앗이 먼지처럼 미세하여 실생 번식은 어렵고 땅에 떨어져 간혹 자연 발아하기도 한다. 부엽질이 충분한 사질 토양이 깔린 반 그늘진 곳에서 재배한다. 여름철 고온다습에 주의한다.

감자난

[과명] 난초과　[학명] Oreorchis patens LINDL.　[분포] 전국　[개화] 5월~6월　[용도] 관상용

 초롱꽃 I

햇빛 관계 : 호광성 / 내한성 : 강 / 물관리 : 보통 / 비료관리 : 보통

특성과 형태

다년생 식물로 전체에 거친 털이 있다. 줄기는 꼿꼿이 서고 높이 30~80cm 크기로 자란다. 잎은 서로 어긋나게 자라며 계란형으로 가장자리에 불규칙한 톱니가 있다. 줄기 윗부분의 잎 겨드랑이에 여러 줄기의 꽃대가 자라 종 모양의 꽃이 밑을 향해 핀다. 백색의 꽃에는 털과 더불어 자주색 반점이 있다.

화재 응용법

주로 포기 나누기로 번식하고 땅속줄기가 왕성하여 많은 묘를 증식할 수 있다. 여름철 늦게 근경을 2~3마디씩 잘라 묘판에 꺾꽂이를 해도 뿌리가 잘 내린다.

종자 번식도 쉽다. 종자를 채취하여 직파하면 이듬해 봄에 발아한다. 배수성이 좋고 약간 척박하며 햇빛이 잘 드는 장소에 심는다.

금강초롱꽃 환경부 보호 식물 119호 (한국 특산종)

흰금강초롱꽃   금강초롱꽃   자주섬초롱꽃

[과명] 초롱꽃科   [학명] Campanula punctata LAMARCK   [분포] 남·중·북부(전국)   [개화] 5월~8월
[용도] 식용·약용(뿌리)

초롱꽃 2

햇빛 관계 : 호광성 / 내한성 : 강 / 물관리 : 보통 / 비료관리 : 보통

특성과 형태

산지 풀밭에서 자라는 다년생 식물로 높이 30~40cm 이고 전체에 털이 있으며 옆으로 가지가 자란다. 근생엽은 엽병이 길고 심장골이며 경생엽은 넓은 피침형으로 끝이 뾰족하며 가장자리에 불규칙하고 둔한 톱니가 있다. 꽃은 6~8월에 피고 백색 또는 연한 홍자색으로 짙은 반점이 있으며 종 모양의 꽃이 밑을 향하여 달린다.

화재 응용법

분갈이시 포기 나누기로 증식한다. 9월에 채취한 종자를 직파하면 이듬해 봄에 발아한다. 햇빛이 잘 들고 조금 척박한 토양에 심어 배수 처리가 잘 되게 하는 것이 좋다. 시비는 거의 필요 없다.

섬초롱꽃

자주초롱꽃

▲ 초롱꽃

[과명] 초롱꽃과 [학명] Campanula punctata LAMARCK. [분포] 남·중·북부(전국) [개화] 5월~8월
[용도] 식용·약용(뿌리)

 옥잠난초

햇빛 관계 : 반양, 반음 / 내한성 : 약 / 물관리 : 좋아함 / 비료관리 : 보통

특성과 형태

다년생 식물로 높이 20~30cm 내외이다. 잎은 전년도에 자란 괴경에서 올라오는데 넓고 긴 타원형이며 가장자리에 주름이 진다. 꽃은 연한 녹색이지만 자주빛이 돌고 꽃대 상부에 여러 송이가 달려 밑에서부터 차례로 핀다. 여러 포기가 한데 무리지어 자란다.

화재 응용법

분갈이할 때 포기 나누기를 하여 번식시킨다. 종자로 번식시키기 어려운 식물이다. 노지의 재배는 부엽질과 유기질이 함유된 반 그늘진 장소에 심는 것이 좋다. 습도를 유지하기 위해 물을 자주 주는 것이 좋다.

무늬종

나리난초　　키다리난초

[과명] 난초과　　**[학명]** Liparis kumokiri F. MAEKAWA　　**[분포]** 제주·남부·중부　　**[개화]** 5월~7월　　**[용도]** 관상용

물솜방망이

햇빛 관계 : 호광성 / 내한성 : 강 / 물관리 : 좋아함 / 비료관리 : 보통

특성과 형태

다년생 식물로 높이 50~60cm 내외. 산지 초원의 습지에서 자란다. 줄기는 꼿꼿이 서고 가지를 치지 않으며 잔털이 있다. 잎은 어긋나고 피침형이며 꽃은 황색으로 줄기 끝에 많이 뭉쳐서 핀다.

약화재 응용법

포기 나누기로 번식하며, 7월에 종자를 채취하여 즉시 파종하면 곧 발아한다. 10월경에 어린 묘를 이식한다. 양지바르고 습기가 충분한 땅에 심어 재배한다. 부엽질과 유기질이 함유된 토양을 좋아한다.

왜제비꽃

솜방망이

[과명] 국화과　[학명] Senecio pseudo-sonchus VANT.　[분포] 제주·남중부　[개화] 5월~6월　[용도] 관상용·약용(전초)

금낭화

햇빛 관계 : 반양, 반음 / 내한성 : 강 / 물관리 : 좋아함 / 비료관리 : 비옥

특성과 형태

다년생 식물로 높이 40~50cm 내외로 전체가 흰빛이 도는 녹색이다. 잎은 서로 어긋나게 자라며 깃털 모양으로 갈라지고 원줄기 끝과 잎 겨드랑이에서 꽃대가 나와 활처럼 한쪽으로 치우쳐 꽃이 주렁주렁 달린다. 꽃받침은 주머니처럼 끝이 모아져 있고 속에서 흰 꽃잎이 밖으로 빠져 나온다.

화재 응용법

6~7월 종자를 채취하여 묘포 상자에 습기가 잘 유지되도록 해서 직파한다. 파종 후에는 묘포 상자에 짚이나 왕겨를 덮어 주는 것이 좋다.

봄에 발아한 묘를 7~8월 경에 이식한다. 분갈이시 포기 나누기나 꺾꽂이로도 가능하지만 큰 성과를 기대하기는 힘들다. 강인한 식물로 어떤 토양에서도 잘 자란다.

부엽질이 충분하고 통기성이 좋은 장소 또는 척박한 곳에서도 잘 적응하므로 재배하기 쉬운 식물이다.

금낭화

[과명] 현호색과　[학명] Dicentra spectabilis (LINNE) LEMAIRE.　[분포] 중부·북부　[개화] 5월~7월
[용도] 식용(어린 순)·약용(전초)

 흰금낭화

햇빛 관계 : 반양, 반음 / 내한성 : 강 / 물관리 : 보통 / 비료관리: 보통

전국 내륙 지방 특히 지리산이나 설악산 등 깊은 곳에서 자라며 꽃이 아름답기 때문에 며느리주머니꽃이라 부르기도 하고 밥풀꽃이라 부르기도 하는데 원래는 붉은색 꽃이나 변이종으로 흰색 꽃이 피는 것도 있다.

흰금낭화

[과명] 현호색과 [학명] Dicentra spectabilis (L) LEM [분포] 전국 내륙 산간 [개화] 5월~6월
[용도] 식용(어린 순), 약용(전초)

 둥굴레

햇빛 관계 : 반양, 반음 / 내한성 : 강 / 물관리 : 좋아함 / 비료관리 : 비옥토

특성과 형태

다년생 식물로 높이 30~50cm 내외. 줄기는 가지를 치지 않고 비스듬히 자라는데 윗부분은 모가 지고 잎은 넓은 계란꼴로 어긋나게 달리며 두 줄의 규칙적인 배열을 이룬다. 잎 겨드랑이마다 푸른빛을 띤 흰 꽃이 한두 송이씩 달리며 끝은 6갈래로 갈라진 종 모양이다.

약효

갈증 해소, 치암제 중풍, 고혈압, 저혈압 각종 암증 치료

화재 응용법

봄가을에 지하경을 3~5마디씩 잘라서 삽목하면 싹이 돋아난다. 내한성이 강한 식물로 겨울에 지상부가 말라 죽고 굵은 지하경이 살아남는다. 토양은 가리지 않으나 반 그늘진 곳에서 재배하는 것이 좋다.

둥굴레

◀ 반엽 둥굴레

[과명] 백합과 [학명] Polygonatum odoratum var. pluriflorum OHWI [분포] 전국 [개화] 5월~7월
[용도] 식용(어린 순), 약용 (근경)

 각시둥굴레

햇빛 관계 : 반양, 반음 / 내한성 : 강 / 물관리 : 좋아함 / 비료관리 : 좋아함

특성과 형태

다년생 식물로 높이 10~30cm 내외. 가지를 치지 않는 줄기는 꼿꼿이 서며 윗부분은 모가 지고 잎은 넓은 계란꼴로 어긋나게 달리며 두 줄의 규칙적인 배열을 이룬다. 줄기 중간의 잎 겨드랑이마다 녹색을 띤 흰 꽃이 한 송이씩 달리며 끝은 6갈래로 갈라지며 종 모양이다.

화재 응용법

봄가을에 지하경을 3~5마디씩 잘라 삽목한다. 봄에 씨를 뿌려도 쉽게 싹이 튼다. 내한성이 강한 식물로 겨울에 지상부가 말라 죽고 굵은 지하경이 살아남는다. 토양은 가리지 않으나 양지바른 곳에서 재배하는 것이 좋다.

각시둥굴레

▲ 둥굴레

[과명] 백합과　[학명] Polygonatum humile FISCH　[분포] 전국　[개화] 5월~7월　[용도] 식용·약용 (조경)

쥐오줌풀

햇빛 관계 : 호광성 / 내한성 : 강 / 물관리 : 좋아함 / 비료관리 : 보통

특성과 형태

다년생 식물로 높이 40~80cm 내외. 뿌리에 강한 향기를 갖고 있으며 땅 속으로 가는 근경이 자라 번식하고 마디 부근에 긴 백색 털이 있다. 근생엽은 꽃이 필 때 없어지며 경생엽은 대생하고 잎은 크게 자라 5~7 갈래로 갈라지며 소엽은 가장자리에 톱니가 있다.
꽃은 5~8월에 줄기 끝에 많이 뭉쳐서 담홍색으로 핀다.

약효

복통 졸도, 통풍, 감기(열병), 진경, 불면증 등

화재 응용법

봄 · 가을에 분갈이를 하면서 포기 나누기를 하여 번식하고 8월경 종자를 채취하여 직파하거나 이른봄에 파종하면 바로 발아한다. 파종한 후에는 반 그늘에서 보관한다. 보습성이 좋고 부엽질과 유기질이 풍부한 그늘진 장소에 심어 재배한다.

쥐오줌풀

[과명] 마타리과　[학명] Valeriana fauriei BRIQ.　[분포] 전국 산야　[개화] 5월~8월　[용도] 약용(뿌리)·식용(새싹)·관상용

금강봄맞이

햇빛 관계 : 호광성 / 내한성 : 강 / 물관리 : 보통 / 비료관리 : 보통

특성과 형태

다년생 식물로 설악산·금강산의 응달 암벽 틈에서 자란다. 모든 잎은 짧은 근경에서 나온다. 잎은 원형이고 7~11 갈래로 갈라지고 가장자리에 톱니가 있다. 잎자루는 3~6cm이고 꽃은 6월에 피며 7~12cm의 긴 꽃줄기 끝에 7~17 장의 꽃잎으로 된 1개의 산형화서가 달린다.

화재 응용법

분갈이시 포기 나누기로 증식한다. 씨앗으로도 번식한다. 노지재배는 비교적 쉬워서 척박한 땅이나 비옥토를 가리지 않고 잘 자란다.

봄맞이

▲ 금강봄맞이

▼ 환경부 보호 식물 101호 (한국특선종)

[과명] 앵초과 [학명] Androsace cortusaefolia NAKAI [분포] 설악산·금강산의 암벽 [개화] 6월 [용도] 관상용

 매발톱꽃 I

햇빛 관계 : 호광성 / 내한성: 강 / 물관리 : 보통 / 비료관리 : 보통

특성과 형태

다년생 식물로 높이 30~50cm 내외. 잎은 뿌리에 모여 나오며 3매씩 2회 갈라지고 줄기에서 나온 잎은 3매로 짧고 작다. 꽃은 자갈색이고 줄기 끝에서 밑을 향해 달린다. 유독성 식물이다. 교잡에 의해 꽃의 모양이 다양한 편이다.

약효

고미건위약, 눈병, 정장약, 해열, 혈봉, 풍질, 구창통

화재 응용법

포기가 자연적으로 불어나므로 포기나누기를 하여 심고 종자를 채취하여 곧바로 파종한다. 파종 후 20일이면 발아하며 이식하여 주면 이듬해 개화한다. 물 빠짐이 좋은 사질 토양으로 통풍이 잘 되며 양지바른 장소에서 재배한다.

매발톱꽃 (원예종)

매발톱꽃 (원예종)

[과명] 미나리아재비과 [학명] Aguilegia buergeriana var. oxysepala (TRAUTV et MEYER) kitamura [분포] 북부 지방
[개화] 6월~8월 [용도] 관상용

161

 매발톱꽃 2

햇빛 관계 : 호광성 / 내한성: 강 / 물관리 : 보통 / 비료관리 : 보통

백두산에서 자생하는 하늘매발톱꽃을 위시하여 꽃색이 황색으로 7-8월에 개화하는 노랑매발톱이 있다. 자연에서 쉽게 교잡이 이루어져서 2대에서는 다양한 잡종이 나타나고 있다.

[과명] 미나리아재비과 [학명] Aguilegia buergeriana var. oxysepala (TRAUTV et MEYER) kitamura [분포] 북부 지방
[개화] 6월~8월 [용도] 관상용

 매발톱꽃 3

햇빛 관계 : 호광성 / 내한성: 강 / 물관리 : 보통 / 비료관리 : 보통

꽃자루 끝에서 두세 갈레로 갈라진 가지 끝에 꽃이 핀다. 꽃 뒤쪽에 매의 발톱처럼 굽은 꿀주머니가 달리는데 일명 산매발톱 또는 골매발톱 꽃이라고도 한다.

매발톱꽃

[과명] 미나리아재비과 **[학명]** Aguilegia buergeriana var. oxysepala (TRAUTV et MEYER) kitamura **[분포]** 북부 지방
[개화] 6월~8월 **[용도]** 관상용

 매발톱꽃 4

햇빛 관계 : 호광성 / 내한성: 강 / 물관리 : 보통 / 비료관리 : 보통

왜성매발톱으로 일명 미니매발톱이라고 하는데 높이가 10~20cm 내외로 굵은 줄기로 자란다. 꽃의 색깔은 붉은색을 띤 자주색 또는 백색으로서 매우 아름답다.

▲ 하늘매발톱

[과명] 미나리아재비과 [학명] Aguilegia buergeriana var. oxysepala (TRAUTV et MEYER) kitamura [분포] 북부 지방
[개화] 6월~8월 [용도] 관상용

큰까치수영

햇빛 관계 : 호광성 / 내한성 : 강 / 물관리 : 좋아함 / 비료관리 : 보통

특성과 형태

다년생 식물로 높이 60~100cm 내외. 줄기는 꼿꼿이 서고 밑동은 붉은빛이 돌며 거의 가지를 치지 않는다. 잎은 타원형 또는 피침형으로 끝이 뾰족하고 가장자리에 흰 털이 있다.
꽃은 줄기 끝에 이삭 모양으로 뭉쳐서 피는데 한쪽으로 기울어지며 꽃잎은 5장이고 꽃이지고나면 꼿꼿이 선다.

화재 응용법

분갈이시 포기 나누기로 번식하며 실생은 10월에 종자를 채취하여 직파하거나 이듬해 봄에 파종하면 2주 후에 발아한다. 양지바르고 물 빠짐이 좋은 사질 양토에 부엽토를 많이 혼합하여 재배 한다.

까치수영

▲ 큰까치수영

[과명] 앵초과　　[학명] Lysimachia clethroides DUBY　　[분포] 전국 산야　　[개화] 6월~7월　　[용도] 식용·약용(잎)

 자금우

햇빛 관계 : 호광성 / 내한성 : 강 / 물관리 : 좋아함 / 비료관리 : 보통

특성과 형태

제주와 남부 지방 해안에서 자라는 상록성 소관목으로 높이 15~20cm 내외이다. 키가 작아서 마치 풀처럼 보인다. 지하경이 옆으로 뻗으며 줄기가 지상으로 올라와서 새로운 포기를 형성하면서 늘어난다. 잎은 줄기 상단에 윤생하거나 마주나며 난형 또는 타원꼴이고 가장자리에 작은 톱니가 있다. 초여름에 흰빛을 띤 연분홍색 꽃이 2~3송이씩 달린다. 둥근 열매는 9월에 붉게 익으며 이듬해 꽃이 필 때까지 매달려 있다.

약효

지방수는 화담 지해, 이습, 활혈, 담중대혈, 만성기관지염, 습열 황달, 외용으로 타박 손상에도 사용하고 특히 해독, 이뇨약, 식욕 증진, 건위제

화재 응용법

포기 나누기로 번식하고, 꺾꽂이와 근경 삽목으로도 번식된다. 햇빛이 잘 들고 통기성과 배수성이 좋은 사질 토양에 심어 재배한다. 강인한 식물이기에 재배는 비교적 용이하다.

백량금

▲ 반엽 산호수

[과명] 자금우과   [학명] Ardisia japonica BL.   [분포] 제주도. 남부 해안 지방   [개화] 6월   [용도] 관상용

병아리난초

햇빛 관계 : 반양, 반음 / 내한성 : 강 / 물관리 : 보통 / 비료관리 : 보통

특성과 형태

다년생 식물로 높이 10~20cm 내외. 잎은 한 장이고 긴 타원형이며 가늘고 길다. 연분홍색 꽃은 10~20 송이가 줄기 끝에 피는데 설판이 3갈래로 갈라진다.

화재 응용법

분갈이시 포기 나누기로 번식하는데 그때 지하부의 괴경을 3~4 개씩 붙여서 가른다. 물빠짐이 좋은 사질 양토에 부엽토를 적당히 섞어서 식재한다. 뿌리가 약하므로 물이 고이지 않게 하고 반 그늘지고 통풍이 잘 되게 한다.

흰병아리난초

병아리난초

[과명] 난초과   [학명] Amitostigma gracilis (Bl.) SCHLECHT.   [분포] 전국   [개화] 6월~7월   [용도] 관상용

참좁쌀풀

햇빛 관계 : 반양, 반음 / 내한성 : 강 / 물관리 : 좋아함 / 비료관리 : 보통

특성과 형태

다년생 식물로 높이 50~100cm 내외. 줄기는 곧게 서고 윗부분에서 많은 꽃이 핀다. 잎은 마주 나기도 하고 3~4매가 줄기를 둘러싸기도 한다. 꽃은 황색으로 줄기 끝에 이삭 모양을 이룬다. 꽃받침잎이 5장이며 꽃잎도 5장이다. 한국 특산 식물로서 강원 이북 산지의 풀밭에서 자란다.

화재 응용법

종자 채취가 어렵기 때문에 봄과 가을에 분갈이시 포기 나누기에 의해서 번식한다. 매우 강인한 식물로서 특별하게 토양을 가리지 않으므로 반 그늘지고 습기가 있는 장소에 심어 재배한다.

참좁쌀풀

[과명] 앵초과　　[학명] Lysimachia coreana NAKAI　　[분포] 북부 지방 산간　　[개화] 6월~7월　　[용도] 식용・관상용・약용(전초)

제비동자꽃

햇빛 관계 : 호광성 / 내한성 : 강 / 물관리 : 좋아함 / 비료관리 : 보통

특성과 형태

다년생 식물로 깊은 산 초원 늪지에서 자란다. 높이는 50cm 내외. 잎은 마디마다 2장씩 마주나고 피침형이며 잎 가장자리에 털이 있다. 꽃은 붉은색으로 꽃잎은 다섯 장이며 꽃잎 끝이 깊이 갈라져 마치 제비꼬리처럼 보인다.

화재 응용법

봄과 가을에 분갈이를 하면서 포기 나누기로 증식하고 줄기를 잘라 꺾꽂이를 해도 잘 자란다. 초가을에 채취한 종자를 묘판에 파종하면 이듬해 봄에 발아한다. 보습성이 좋은 비옥한 토양에 심고 잡초가 달려들지 못하게 한다. 햇빛을 좋아하나 여름철 직사광선은 피하는 것이 좋다.

제비동자꽃

▼ 넉줄고사리와 구절초 합식

[과명] 석죽과　**[학명]** Lychnis wilfordii MAX.　**[분포]** 중부·북부 지방 습지　**[개화]** 6월~8월　**[용도]** 관상용

 동자꽃

특성과 형태

다년생 식물로 높이 50~100cm 내외. 산지의 초원에서 자란다. 줄기에 잔 털이 나고 잎은 마디마다 2장씩 마주 붙는다. 계란꼴의 길쭉한 잎은 끝이 뾰족하고 꽃은 줄기 끝에 3~4송이가 모여 피는데 적색을 띤 연분홍색과 황적색이며 매우 아름답다.

화재 응용법

봄과 가을에 분갈이를 하면서 포기 나누기로 증식하고 줄기를 잘라 꺾꽂이를 해도 잘 자란다. 초가을에 채취한 종자를 묘판에 파종하면 이듬해 봄에 발아 한다. 보습성이 좋은 비옥한 토양에 심어 잡초가 달려들지 못하게 한다. 햇빛을 좋아하나 여름철 직사광선은 피하는 것이 좋다.

제비동자꽃

흰동자꽃

동자꽃 ▼

[과명] 석죽과　[학명] Lychnis cognata Max.　[분포] 중부·북부 지방　[개화] 6월~8월　[용도] 관상용

털동자꽃

햇빛 관계 : 호광성 / 내한성 : 강 / 물관리 : 좋아함 / 비료관리 : 좋아함

특성과 형태

다년생 식물로 높이 50cm 내외이며 잎은 마디마다 2매씩 마주 붙는다. 타원형 잎은 끝이 뾰족하며 가장자리에 잔 털이 있다.
잎 사이에서 꽃줄기가 올라와 줄기 끝에 황적색의 꽃이 1~3송이씩 피며 꽃잎은 5장으로 끝이 얕게 갈라진다.

화재 응용법

봄과 가을에 분갈이를 하면서 포기 나누기를 하여 증식하고 줄기를 잘라 꺾꽂이를 해도 잘 자란다. 초가을에 채취한 종자를 묘판에 즉시 파종하면 이듬해 봄에 발아한다. 보습성이 좋은 비옥한 토양에 심어서 잡초가 달려들지 못하게 한다.

분홍동자꽃

▲ 털동자꽃

[과명] 석죽과　[학명] Lychnis fulgens Fisch.　[분포] 북부　[개화] 6월~8월　[용도] 관상용

 월귤 I

햇빛 관계 : 호광성 / 내한성 : 강 / 물관리 : 내건성 / 비료관리 : 보통

특성과 형태
상록성 소관목으로 높이 10~15cm 내외. 잎은 빳빳하고 진초록색이며 두껍다. 잎 가운데 엽맥이 뚜렷하고 윤기가 난다. 줄기 끝에 종모양의 흰꽃이 5~6송이씩 달린다.

약효
요로방부, 수렴, 이뇨약, 부종, 신장염

화재 응용법
주로 꺾꽂이로 번식하는데 이른 봄에 2~3마디를 잘라 모래판에 꽂는다. 뿌리가 잘 내렸을 때 이식한다. 고산 식물로 양지바르고 조금 척박하며 물 빠짐이 좋은 토질에 심어서 지하부를 과습하지 않게 관리한다.

월귤열매

월귤

[과명] 진달래과 　[학명] Vaccinium vaccinium vitis-idaea var minus LODD 　[분포] 한라산·북부 고산 지대
[개화] 6월~7월 　[용도] 식용(열매)·약용(잎)

월귤 2

햇빛 관계 : 호광성 / 내한성 : 강 / 물관리 : 내건성 / 비료관리: 보통

특성과 형태

산지의 물가나 바위 틈에 붙어서 자라는 상록소관목이다. 줄기는 옆으로 뻗어나가며 수많은 마디가 있다. 잎은 짧은 잎자루 끝에 긴 타원형으로 붙고 가장자리에 톱니가 없어서 밋밋하다. 5~6월경 줄기 끝에 분홍빛이 감도는 흰 꽃이 뭉쳐서 핀다. 가을에 익는 붉은 열매는 새큼하고 먹을 수 있다.

화재 응용법

가을에 분갈이를 하면서 포기 나누기로 번식하고 꺾꽂이를 해도 뿌리가 잘 내린다. 과피를 제거한 씨를 노천에 매장했다가 봄에 뿌리면 발아한다. 공중습도를 좋아 하지만 뿌리가 너무 습한 곳은 피해야 한다. 오전에햇빛이 잘 드는 장소를 골라 물 빠짐이 좋은 사질토에서 재배하는 것이 안전하다.

월귤

[과명] 진달래과　[학명] Vaccinium vaccinium vitis-idaea var minus LODD　[분포] 제주도·북부·고산지대
[개화] 6월~7월　[용도] 식용(열매)

 긴겨이삭

햇빛 관계 : 호광성 / 내한성 : 강 / 물관리 : 좋아함 / 비료관리 : 좋아함

특성과 형태

금강산 이북 지방에서 자라는 다년생 식물로 높이는 30~80cm 내외. 밑 부분에서 새싹이 돋아나며 잎은 길이 3~10cm로서 약간 휘어지며 밑 부분에서 자란 잎은 접혀서 실처럼 늘어진다. 잎은 넓은 피침형이며 끝이 뾰족하다. 이삭은 털같이 가늘고 연한 녹색 바탕에 약간의 자줏빛이 돈다. 꽃은 6~8월에 핀다.

화재 응용법

포기 나누기로 번식한다. 씨를 뿌려도 쉽게 발아한다. 2~3촉씩 붙여서 포트에 옮겨 심는다. 약간 낮고 작은 분에 수태(물이끼)로 뿌리를 감싸서 심어 주고 물을 자주 주며 비료는 물비료를 월 2~3회 준다.

긴겨이삭

[과명] 벼과　[학명] Agrostis scabra WILLD.　[분포] 금강산 이북　[개화] 6월~8월　[용도] 관상용

 만병초

햇빛 관계 : 반양, 반음 / 내한성 : 강 / 물관리 : 보통 / 비료관리 : 싫어함

특성과 형태

지리산·울릉도·강원도 이북 지방에서 자라는 상록관목으로서 높이 50~100cm에 달하고 어린 가지에 회색 털이 밀생하지만 곧 없어지며 갈색으로 변한다. 잎은 호생하지만 가지 끝에 5~7장이 총생하고 긴 타원형 또는 피침형이다. 표면은 짙은 녹색이며 주름이 진 것 같고 뒷면은 회갈색 또는 연한 갈색 털이 밀생하며 뒤로 말린다.

꽃은 7월에 가지 끝에 10~20 송이가 달리는데 백색 또는 연한 황색이며 안쪽 윗면에 녹색 반점이 있다. 연한 홍색으로 피는 것을 홍만병초라 하고 울릉도에서 자란다. 백두산에서 자라는 백황색 꽃이 피는 것을 노랑만병초라 한다. 열매는 9월에 익는다. 키우기 어려운 식물이다.

약효

만병초의 약효는 강신, 치열, 근골, 피부병, 요각약
노랑만병초의 약효는 강신, 치열, 근골, 피부병, 요각약

화재 응용법

삽목으로 번식한다. 분에 재배할시는 좀 크고 깊은 분을 하며 산모래나 마사토로 만 심어 주고 도장을 피하기 위하여 물이나 비료는 삼가하고 반 그늘에서 관리한다.

만병초

▲ 노랑만병초 환경부 보호식물 45호

[과명] 진달래科　[학명] Rhododendron brachycarpum D. DON　[분포] 지리산·울릉도·강원도 이북　[개화] 7월
[용도] 관상용

 금마타리

햇빛 관계 : 호광성 / 내한성 : 강 / 물관리 : 보통 / 비료관리 : 보통

특성과 형태

다년생식물로 높이 20~30cm 내외. 울릉도·제주도를 제외한 전국 각지에서 자란다. 줄기는 곧게 서고 뿌리에서 나온 잎은 잎자루가 길고 깊게 5갈래로 갈라졌다가 다시 얕게 갈라진다. 줄기 상단에 노란색 꽃이 여러 송이 뭉쳐서 핀다.

화재 응용법

봄과 가을에 분갈이를 하면서 포기 나누기로 번식하며 새 순이 15cm 정도일 때 잘라서 모래판에 꽂아 뿌리를 내린다. 9~10월에 채취한 종자를 봄에 파종하면 곧 발아한다. 새로 자란 싹은 2년 뒤 개화한다. 양지바르고 물 빠짐이 좋은 사질토양으로 적당한 습도가 유지되는 장소에 심어 재배한다.

금마타리

마타리

[과명] 마타리과　[학명] Patrinia saniculaefolia HEMSL.　[분포] 전국 각지 양지쪽　[개화] 6월~7월　[용도] 식용·약용(전초)

 왜승마

햇빛 관계 : 호광성 / 내한성 : 강 / 물관리 : 보통 / 비료관리 : 보통

특성과 형태

다년생 식물로 높이 60~80cm 내외. 제주도와 거제도를 비롯한 남해 도서 지방에 자생한다. 뿌리에서 나온 잎은 잎자루가 길며 1~2회 3장씩 갈라지는데 마치 손바닥처럼 얕게 갈라지고 불규칙한 톱니가 있다. 줄기 끝에 흰 꽃이 이삭 모양으로 달린다.

약효

왜승마·개승마의 약효는 발한, 해열, 해독, 두통에 쓰이며, 비장, 위장을 보한다.

화재 응용법

봄철에 분갈이할 때 포기 나누기를 한다. 종자를 받은 즉시 뿌리면 이듬해 봄에 돋아난다. 낙엽 활엽수 하부의 부엽질이 충분한 곳에 심는다. 봄과 가을에는 햇빛을 쪼여 주며 여름철에는 직사광선을 피하는 것이 좋다.

개승마

왜승마 　　　　　　　　　　　　　　　개승마

[과명] 미나리아재비科　[학명] Cimicifuga japonica SPRENG.　[분포] 남부 지방　[개화] 6월~8월
[용도] 식용(어린 순)·약용(뿌리)

193

촛대승마

햇빛 관계 : 반양, 반음 / 내한성 : 강 / 물관리 : 좋아함 / 비료관리 : 보통

특성과 형태
다년생 식물로 높이 1m 내외로 깊은산 숲속에서 자란다. 길게 올라온 꽃대 끝에 이삭 모양의 꽃차례를 이룬다. 약간의 독성이 있는 식물 이지만 어린 싹은 나물로 먹고 한방에서는 해열, 해독, 중독, 관두염 등의 약재로 쓴다.

약효
촛대승마 · 한라개승마의 약효는 발한, 해열, 해독, 두통에 쓰이며, 비장과 위장을 보한다.

화재 응용법
분갈이시 포기 나누기로 번식하고 가을에 종자를 채취하여 직파하면 이듬해 봄에 발아한다. 노지의 재배는 반 그늘지고 부엽질과 보습성이 있는 토양에 심는다.

한라개승마

촛대승마

[과명] 미나리아재비과　[학명] Cimicifuga simplex WORMSK　[분포] 북부·백두산　[개화] 6월~8월　[용도] 식용·약용

 산마늘

햇빛 관계 : 반양, 반음 / 내한성 : 강 / 물관리 : 보통 / 비료관리 : 보통

특성과 형태

다년생 식물로 울릉도와 강원도 일부 산지에서 자란다. 잎은 길이가 20~30cm, 나비는 3~10cm이고 타원형이며 2~3장 달린다. 잎 사이에서 높이 40~70cm의 꽃줄기가 자라 그 끝에 작고 흰 꽃이 둥글게 뭉쳐 핀다. 강한 마늘 냄새가 나는 식물로 연한 싹과 인경을 식용으로 한다.

약효

행기소저, 감모장염, 건위, 소화, 발한, 이뇨, 거담, 지사, 강장약 등으로 사용하며, 독충에 물린 데 외용한다.

화재 응용법

이른 봄에 포기 나누기로 번식 시킬 수 있고 가을에 종자를 채취하여 직파한다. 이듬해 봄에 발아한 묘는 묘판에서 1년간 재배 후 이식한다. 고온다습에 약하므로 반 그늘지고 물 빠짐이 좋은 사질토양으로 바람이 잘 통하는 장소에서 재배한다.

산마늘

[파명] 백합과 [학명] Allium victorialis var. Platyphyllum MAKINO
[분포] 울릉도·강원 [개화] 6월~7월 [용도] 식용(선초)·약용(인경)

산마늘의 개화 과정

선인장 *Cactus*

선인장이란 선인장과에 딸린 늘푸른 여러해살이풀을 통틀어 일컫는 말로서 그 종류는 3천 가지가 넘는다. 그러나 거의 모든 선인장은 살이 많은 육질과, 잎이 변해서 된 가시와, 화려하고 아름다운 꽃을 가지고 있다. 선인장은 대체로 비슷한 모양의 꽃을 피우는데, 그 수명은 한나절이나 하루 정도이며 긴 것도 일주일밖에 되지 않는다. 선인장은 넓적한 부채선인장, 기둥 모양의 기둥선인장, 잎을 가진 나뭇잎선인장 등으로 크게 나눌 수 있다.

사진으로보는 **설악산의 녹음**

 대사초

햇빛 관계 : 호광성 / 내한성 : 강 / 물관리: 보통 / 비료관리 : 보통

특성과 형태

산지의 숲속에서 자라는 다년생 식물로 높이 10~40cm 내외. 가느다란 근경과 뻗는 줄기가 있으며 포가 달려 있는 윗부분은 화경과 더불어 약간의 털이 있으나 밑 부분은 밋밋하다. 잎은 피침형으로 3맥이 뚜렷하고 뒷면에 약간의 털이 있다.

화재 응용법

포기 나누기를 한다. 근경을 3~4마디씩 잘라서 나누어 심는다. 숲속에서 자라는 식물이므로 부엽질이 풍부하고 배수성이 좋은 사질 토양을 골라 양지바른 곳에서 재배한다.

지리대사초(반엽)

▲ 대사초

지리대사초(반엽) ▼

[과명] 사초과　[학명] Carex siderosticta HANCE　[분포] 전국　[개화]　[용도] 관상용

 지리대사초

햇빛 관계 : 반음 / 내한성 : 강 / 물관리 : 보통 / 비료관리 : 보통

특성과 형태

다년생 식물로 근경은 가늘고 옆으로 뻗으며 잎은 넓은 선형이다. 표면은 황록색이고 뒷면은 흰빛이 돈다. 화경은 높이 15~20cm로서 가늘고 둔한 세모가 지며 꽃대에 암꽃과 수꽃이 따로 핀다.

화재 응용법

분갈이시 옆으로 뻗은 근경을 몇 마디씩 잘라 포기 나누기를 통해 쉽게 번식된다. 정원수 하부에 심어서 재배한다. 강인한 식물로 비옥한 땅이나 척박한 토양에서도 잘 자라므로 재배가 쉽다. 반 그늘에서 재배하면 잘 자라고 운치 있는 잎을 즐길 수 있다.

대사초(반엽)

▲ 지리대사초

[과명] 사초과　[학명] Carex okamotoi OHWI　[분포] 전국의 산　[개화]　[용도] 관상용

흰꿀풀

햇빛 관계 : 호광성 / 내한성 : 강 / 물관리 : 내건성 / 비료관리 : 보통

특성과 형태

다년생 식물로 높이 20~30cm 내외. 잎은 긴타원형으로 마디마다 서로 마주나고 줄기 끝에 흰 꽃이 많이 뭉쳐서 피는데 꽃잎을 뽑아서 맛을 보면 달기 때문에 꿀풀이라고 한다. 꽃이 일찍 피었다가 하지 때 지상부가 말라 버리기 때문에 하고초(夏枯草)라고 부른다.

약효

갑상선 종대, 청화명목, 고혈압, 당뇨병, 이뇨, 소염약으로 수종, 일적 종통, 유옹, 소변 불리, 나력(연주창), 청간열 및 항균 작용

화재 응용법

봄에 분갈이시 포기 나누기로 번식하고 종자를 채취하여 바로 파종한다. 노지의 재배는 양지바른 곳으로 부엽질과 유기질이 풍부하고 배수성이 좋은 사질토에 식재한다.

흰꿀풀

[과명] 꿀풀과 　[학명] Prunella vulgaris for. albiflora NAKAI 　[분포] 전국 각지 　[개화] 6월~8월
[용도] 식용(어린 순), 약용(전초), 밀원용

꿀풀

햇빛 관계 : 호광성 / 내한성 : 강 / 물관리 : 내건성 / 비료관리 : 보통

특성과 형태
다년생 식물로 여름에 일찍 꽃이 피었다가 하지 때 지상부가 말라 버리기 때문에 하고초(夏枯草)라고 부른다. 꽃대 끝 부분에 보라색 꽃이 많이 뭉쳐서 피는데 꽃잎을 뽑아서 맛을 보면 달기 때문에 꿀풀이라 한다. 비슷한 종류로 두메꿀풀·붉은꿀풀 등이 있다.

약효
청열 작용, 혈압강압 작용, 이뇨 작용, 억균 작용, 각종 눈병

화재 응용법
봄에 새눈이 나오기 시작할 때 포기 나누기를 실시하고 가을에 종자를 채취하여 직파한다. 부엽토가 많고 배수성이 좋은 양지쪽에 심어 재배한다.

꿀풀

[과명] 꿀풀과　**[학명]** Prunella vulgaris var. lalacina (NAKAI) HARA　**[분포]** 전국 각지 양지　**[개화]** 6월~8월
[용도] 약용(전초)·식용(어린 순), 밀원용

 용머리

햇빛 관계 : 호광성 / 내한성 : 강 / 물관리 : 좋아함 / 비료관리 : 보통

특성과 형태

다년생 식물로 높이 15~40cm 내외. 줄기는 기부에서 여러 개 뭉쳐서 나오고 곧게 서며 네모지고 흰 잔털이 있다. 잎은 마주나며 선형으로 두텁고 끝이 둔하다. 꽃은 자주색으로 줄기 끝에 입술 모양의 꽃이 3~4송이 달린다. 꽃은 자주색이지만 백색인 것을 흰용머리라고 부른다.

화재 응용법

꽃이 지고 난 뒤 분갈이할 때 포기 나누기에 의하여 번식하고 9~10월 경에 종자를 채취하여 직파하거나 이듬해 봄에 파종하면 곧 발아한다. 삽목을 해도 잘 자란다. 강인한 식물이어서 어떤 환경이나 토양에서도 잘 자란다.

용머리

[과명] 꿀풀과　[학명] Dracocephalum argunense FISCH.　[분포] 전국산지　[개화] 6월~8월　[용도] 약용(전초)·관상용

 만년석송

햇빛 관계 : 반양, 반음 / 내한성 : 강 / 물관리 : 보통 / 비료관리 : 보통

특성과 형태

상록성 양치식물로 높은 산 숲속에서 자란다. 원줄기가 옆으로 뻗고 적갈색이며 좁은 비늘 같은 잎이 드믄드믄 달린다. 곧추 자라는 가지가 나와서 높이 15cm 내외로 밑 부분은 가지가 없으나 윗부분은 가지가 비스듬히 퍼져 마치 우산 모양을 이룬다.

화재 응용법

분갈이할 때 포기 나누기로 번식하는 것이 좋다. 분에 재배할시는 높이가 낮고 좀 넓은 수반형분을 택하여 산모래나 부엽토를 반반 섞은 흙에 심어 보습성과 배수성을 좋게 하고 반 그늘에서 관리한다.

만년석송

만년석송

[과명] 석송科   [학명] Lycopodium obscurum L.   [분포] 한라산 · 지리산 · 설악산 · 북부 산간지   [개화]   [용도] 관상용

풍란

햇빛관계 : 반양, 반음 / 내한성 : 약 / 물관리 : 보통 / 비료관리 : 보통

특성과 형태

남서부 해안 바위나 나무에 붙어 자라는 상록성 다년생 식물이다. 잎은 좁고 짧으며 짙은 녹색으로 뒤로 활처럼 굽으며 두 줄로 달리는데 밑 부분이 서로 감싼다. 6~7월경에 잎의 밑 부분에서 꽃대가 나와 3~5송이의 흰 꽃이 피며 향이 매우좋다.

화재 응용법

봄과 가을에 포기 나누기로 번식하며 무균 상태에서 조직 배양으로 번식하고 있다. 분에 재배할시는 풍란분을 구입하여 분의 기공 부분에 굵은 난석을 깔고 수태로 뿌리를 몇 개만 감싸서 봉을 만들어 보기 좋게 올려 물을 흠뻑 주고 반 그늘에서 관리한다.

풍란

환경부 보호식물 32호

[과명] 난초과　**[학명]** Neofinetia falcata (THUNB.) HU　**[분포]** 제주·남해 도서 지방　**[개화]** 7월　**[용도]** 관상용

나도풍란

햇빛 관계 : 반양 반음 / 내한성 : 약 / 물관리 : 보통 / 비료관리 : 보통

풍란과 같이 늦봄에서 초여름에 걸쳐 맑은 향기를 피우는 착생종(着生種) 난이다. 원래 자생지인 홍도나 흑산도를 비롯 남해안 해안 도서 지방에서 발견되었지만 지금은 거의 사라질 위기에 있다. 잎에 무늬가 드는 것도 있으며 꽃은 백화를 비롯해서 황화·홍설화·소심화 등도 발견되었다. 지금은 조직 배양에 성공하여 많이 재배되고 있는데 참으로 다행한 일이다.

특성과 형태

남부 지방. 주로 제주·홍도·흑산도 등지의 암벽이나 나무에 붙어서 자라는 상록성 다년생 식물이다. 잎은 두 줄로 달리며 긴 타원형이고 광채가 난다. 꽃은 6~8월경에 담황색 또는 연한 백록색 꽃이 피는데 소엽풍란과 같이 향기가 매우 좋다.

화재 응용법

무균 배양에 의해서 번식하고 있으나 매우 까다롭고 시중에는 전문적으로 배양하는 농장이 많아서 구입이 용이하다. 나도풍란은 소엽과 달리 새끼를 치지 않으므로 포기 나누기를 할 수 없다. 분에 재배할시는 풍란분을 구입하여 분의 기공 부분에 굵은 난석을 깔고 수태로 뿌리를 몇 개만 감싸서 봉을 만들어 보기 좋게 올려 준다.

환경부보호식물 33호(멸종위기식물)

풍란 / 풍란과 나도풍란

[과명] 난초과 [학명] Aerides japonicum REICHB. fil [분포] 제주·남부 지방, 홍도·흑산도 [개화] 6월~8월
[용도] 관상용

고사리삼 I

햇빛 관계 : 반양, 반음 / 내한성 : 강 / 물관리 : 좋아함 / 비료관리 : 좋아함

특성과 형태

다년생 양치식물로 햇빛이 잘 드는 숲속 기름진 땅이나 풀밭에서 자란다. 굵은 육질의 뿌리는 사방으로 퍼지고 한 개의 잎이 나와 깃털꼴로 갈라진다.

잎에 털이 없고 두꺼우며 윤채가 난다. 잎자루가 꼿꼿이 서서 30~40cm 높이로 자라지만 잎은 9월부터 이듬해 4월까지 있으나 한여름에는 말라 죽는다. 두 장의 잎처럼 보이는 것은 한쪽은 정상 잎이고 나머지 하나는 포자낭이다.

약효

혈압 강하제, 대하, 종독, 토혈, 풍열에 효과가 있다.

화재 응용법

가을에 분갈이하면서 포기 나누기를 한다. 분에 재배할시는 약간 크고 깊은 분을 택하여 가루를 뺀 산모래나 마사토에 부엽토를 30% 정도 혼합해서 심어 주고 햇빛이 잘 드는 양지에서 관리한다.

양치류 합식(쇠고비와 고비)

바위떡풀 · 십자고사리 ▼

[과명] 고사리삼과　[학명] Botrychiam ternatum (THUNB.) SW.　[분포] 전국 각지　[개화] 9월~이듬해 4월　[용도] 식용(전초)

 고사리삼 2

햇빛 관계 : 반양, 반음 / 내한성 : 강 / 물관리 : 좋아함 / 비료관리 : 좋아함

특성과 형태

다년생 식물로 햇빛이 잘 드는 숲속 기름진 땅이나 풀밭에서 자란다. 굵은 육질의 뿌리는 사방으로 퍼지고 9~10월에 한 장의 잎이 돋아난다. 잎은 깃털꼴 겹잎이며 털이 없고 두꺼우며 윤채가 난다. 포자낭이 달린 잎자루가 꼿꼿이 서고 30~40cm 높이로 자라지만 생장엽은 9월부터 이듬해 4월까지 있으나 한 여름에는 말라죽는다.

화재 응용법

봄철 분갈이 때 포기 나누기를 한다. 분에 재배할시는 약간 크고 깊은 분을 택하여 가루를 뺀 산모래나 마사토에 부엽토를 30% 정도 혼합해서 심어 주고 햇빛이 잘 드는 양지에서 관리한다.

합식

[과명] 고사리삼과　[학명] Botrychium ternatum (THUNB.) SW.　[분포] 전국 각지　[개화] 9월~이듬해 4월　[용도] 식용(전초)

넉줄고사리

햇빛 관계 : 호광성 / 내한성 : 강 / 물관리 : 보통 / 비료관리 : 보통

특성과 형태
다년생 식물로 바위나 나무에 붙어서 자란다. 근경에서 나온 잎은 갈색 또는 회갈색 인편으로 덮이며 옆으로 길게 뻗는다. 잎은 드문드문 달리고 잎자루가 길며 깃털꼴겹잎으로 갈라지며 연한 갈색 털이 있다.

넉줄고사리·미역고사리 약효
보중, 익기력, 소양사, 약양도, 이수도, 보오장 부족, 경락근골골간독기, 전초를 충분히 삶아서, 물에 담구어 유독 성분을 제거 후 식용한다.

화재 응용법
근경을 2~3cm로 잘라 삽목한다. 수반형의 넓은 분에 산모래에 수태(물이끼)를 잘게 썰어 혼합한 흙에 심어 주거나 근경을 돌에 붙여 돌붙임을 해서 가꾸면 좋다.

넉줄고사리

미역고사리

[과명] 넉줄고사리과 [학명] Davallia mariesii MOORE [분포] 전국 각지 [개화] [용도] 관상용

공작고사리

햇빛 관계 : 반양, 반음 / 내한성 : 강 / 물관리 : 보통 / 비료관리 : 보통

특성과 형태
온대성 다년생 식물로 잎이 공작새의 꼬리 같아서 붙여진 이름이다. 근경은 짧고 옆으로 길게 뻗으며 여러 갈래로 갈라져 큰 포기를 이룬다. 잎자루는 검고 윤기가 나며 철사 같은 느낌을 준다.

약효
미한, 조충 구제약, 지혈, 대하, 해열, 해독, 자궁수축 작용

화재 응용법
주로 이른 봄에 포기 나누기를 하여 번식한다. 몇 장의 잎을 한데 붙여 크게 나누어야 한다. 분에 재배할시는 얕은 수반형 분을 쓰고 산모래나 마사토에 약간의 부엽토를 섞어서 심는다.

미역고사리

공작고사리

[과명] 고사리과　[학명] Adiantum pedatum L.　[분포] 울릉도·제주도 고산지대　[개화]　[용도] 식용(어린 순)

마삭줄

햇빛 관계 : 호광성 / 내한성 : 약 / 물관리 : 좋아함 / 비료관리 : 좋아함

특성과 형태

상록성의 덩굴로 높이가 5m에 달한다. 잎은 계란꼴에 가까운 피침형으로 두텁고 빳빳하다. 윤기가 돌며 가을에 일부의 잎이 붉게 물들어 대단히 아름답다. 희고 작은 꽃이 줄기 끝이나 꼭대기 잎 겨드랑이에 두세 송이 피고 긴 열매를 맺는다. 오래된 줄기가 아니면 좀처럼 꽃이 피지 않는다. 나무이기는 하나 줄기와 가지가 길게 뻗어나가 땅이나 바위를 덮는 모양이 마치 풀과 같다.

약효

줄기, 잎은 허리, 무릎산통, 타박상, 거풍통락, 낭혈소종, 풍습열비, 근맥구연, 후비, 종기류, 진총제, 편도선염, 구열, 인후통, 관절통

화재 응용법

분갈이시 분주를 하거나 덩굴을 몇 마디씩 잘라 삽목을 한다. 일반 정원 등에 지피식물로 심어서 재배하면 잘 자란다. 분에 재배할시는 산모래나 마사토에 부엽토를 30% 정도 섞은 흙에 심어주고 추녀 끝 같은데 매달아 가꾸는 것이 좋다.

고깔제비꽃

[과명] 협죽도과　[학명] Trachelospermum asiaticum var. intermedium NAKAI　[분포] 제주도·남부 지방　[개화] 6월–7월
[용도] 관상용

대반하 I

햇빛 관계 : 반양 반음 / 내한성 : 강 / 물관리 : 보통 / 비료관리 : 보통

특성과 형태
다년생 식물로 높이 30cm 내외. 잎은 소엽이 3장이고 잎자루가 길며 긴 타원형이다. 꽃은 황백색으로 고깔 같은 포엽에 감싸여 있고 포 끝에는 긴 수염이 있다.

약효
거담, 진해, 구토, 설사, 임신 중 구토에 효과

화재 응용법
땅 속의 괴경에서 어린 괴경을 따 2~3년 정도 키우면 개화주가 된다. 가을에 씨를 따 즉시 뿌려도 다음해 봄이면 잘 돋아난다. 성질이 강건한 식물이기에 특별한 토양이나 주위 환경을 가리지 않고 잘 자라므로 재배하기 쉬운 식물이다.

대반하

반하

◀ 자주천남성

[과명] 천남성과　[학명] Pinellia tripartita (BLUME) Schott　[분포] 전국　[개화] 6월　[용도] 약용(괴경)

대반하 2

특성과 형태
다년생 식물로 높이 30cm 내외. 잎은 소엽이 3장이고 잎자루가 길며 긴 타원형이다. 꽃은 황백색으로 고깔 같은 포엽에 감싸여 있고 포 끝에는 긴 수염이 있다.

약효
거담, 진해, 구토, 설사, 임신 중 구토에 효과

화재 응용법
땅 속의 괴경에서 어린 괴경을 따 2~3년 정도 키우면 개화주가 된다. 가을에 씨를 따 즉시 뿌려도 다음해 봄이면 잘 돋아난다. 성질이 강건한 식물이기에 특별한 토양이나 주위 환경을 가리지 않고 잘 자라므로 재배하기 쉬운 식물이다.

반하

큰천남성

[과명] 천남성과　[학명] Pinellia tripartita (BLUME) Schott　[분포] 전국　[개화] 6월　[용도] 약용(구경)

닭의난초

햇빛 관계 : 호광성 / 내한성 : 보통 / 물관리 : 좋아함 / 비료관리 : 좋아함

특성과 형태

다년생 식물로 높이 50~100cm 내외. 윗부분에서 몇 개의 가지가 갈라지고 전체에 잔털이 있다. 잎은 총생한 것처럼 많고 피침형이며 끝이 뾰족하다. 꽃은 황적색으로 1~5송이가 밑을 향해 달리며 꽃잎 안쪽에 자주색 반점이 있다.

화재 응용법

포기 나누기를 하는데 뿌리줄기에 3~5촉의 눈을 붙여서 잘라 주어야 한다. 다른 난초과 식물이 다 그렇듯 실생은 대단히 어렵다. 아주 강인한 식물로서 부엽질과 유기질이 많은 사질토에서 재배한다. 보습성 있는 토양을 좋아하며 햇빛이 잘 드는 장소에서 재배한다. 겨울에 지하부가 얼지 않게 주의한다.

닭의난초

청닭의난초

[과명] 난초과　[학명] Epipactis thunbergii A. GRAY　[분포] 남·중부·이남. 산간 습지　[개화] 6월~7월
[용도] 식용. 약용(인경)

231

 장구채

햇빛 관계 : 호광성 / 내한성 : 강 / 물관리 : 보통 / 비료관리 : 보통

특성과 형태
전국 각지에서 자라는 2년초로서 높이 30~80cm이고 곧추자라며 털이 없다. 줄기는 녹색 또는 자주빛이 도는 녹색이지만 마디 부분은 흑갈색이다. 잎은 마주나며 난형 또는 넓은 피침형이고 양끝이 좁으며 가장자리에 털이 있고 양면에도 털이 약간 있다. 꽃은 7월에 피며 꽃잎은 백색이고 5장이며 끝이 2갈래로 갈라진다. 전체에 털이 많은 것을 털장구채라 한다.

약효
전초를 약용하고, 종자는 최유, 지혈, 진통에 쓰인다.

화재 응용법
포기 나누기로 번식하고 가을에 종자를 채취하여 즉시 파종하면 곧 싹이 튼다. 이 싹이 겨울을 나고 이듬해 개화주로 자란다. 분에 재배할시는 산모래나 마사토에 부엽토를 30~40% 혼합한 흙으로 심어 주고 충분한 햇빛을 쪼여 준다.

오랑캐장구채

◀ 털장구채

[과명] 석죽과　[학명] Melandryum firmum (S. et Z.) ROHRB.　[분포] 전국의 고산 지대　[개화] 7월　[용도] 식용·약용

꽃창포

햇빛 관계 : 호광성 / 내한성 : 강 / 물관리 : 좋아함 / 비료관리 : 보통

특성과 형태
다년생 식물로 높이 60~120cm로 털이 없으며 가지가 갈라진다. 근경은 갈색 섬유질로 덮여 있으며 꽃은 원줄기 또는 가지 끝에 달리며 적자색이다. 잎이 창포와 비슷하게 생겼고 꽃이 아름답기 때문에 꽃창포라 한다.

꽃창포 · 노란꽃창포 약효
건위, 만성기관지염 및 두통, 중풍, 진통, 진정, 건위, 관절통, 건망증, 이질

화재 응용법
가을 분갈이시 포기 나누기를 하는데 3~5촉의 눈을 한 단위로 해서 뿌리줄기를 잘라 번식한다. 가을에 채취한 종자를 직파하면 이듬해 봄에 발아한다. 어린 묘는 7~8월 경에 이식한다. 매우 강인한 식물로서 특별한 환경이나 토양에 관계 없이 잘 자란다. 보습성이 좋은 토양에 반 그늘이 최적이지만 척박한 곳이나 비옥한 땅에도 잘 자란다.

꽃창포

▲ 노랑꽃창포

[과명] 붓꽃과　[학명] Iris ensata var. spontanea (MAX.) NAKAI　[분포] 전국 각지　[개화] 6월~7월
[용도] 관상용・약용(근경)

돌창포

햇빛 관계 : 호광성 / 내한성 : 강 / 물관리 : 좋아함 / 비료관리 : 보통

특성과 형태

다년생 식물로 뿌리줄기는 짧고 잔뿌리가 많다. 잎은 좁고 밑동이 서로 겹쳐지면서 두 줄로 배열되며 활 모양으로 굽는다. 잎의 길이 10cm 내외로 뻣뻣하며 진한 푸른색이다. 길고 가는 꽃줄기가 자라서 희고 작은 꽃이 모여 핀다. 꽃바위창포라 부르기도 하며 비슷한 종류로 제주에서 자라는 한라돌창포가 있다.

줄무늬 범부채의 약효

매독, 이뇨, 창상, 류머티즘

화재 응용법

3~4월경에 분갈이 때 포기 나누기를 한다. 돌에 붙여서 석부작을 만들어도 좋다.

돌창포

줄무늬 범부채

▲ 돌창포 (자생 모습)

[과명] 백합과　**[학명]** Tofieldia nuda MAX.　**[분포]** 북부 지방　제주도　**[개화]** 7월~8월　**[용도]** 관상용

기린초 I

햇빛 관계 : 호광성 / 내한성 : 강 / 물관리 : 싫어함 / 비료관리 : 싫어함

특성과 형태

다년생 식물로 높이 30cm 내외. 줄기는 꼿꼿이 서고 다갈색이며 여러 줄기가 뭉쳐서 돋아난다. 잎은 어긋 달리고 다육질이며 긴 타원형이다. 가장자리에 둔한 톱니가 있다. 작은 꽃은 황색으로 줄기 끝에서 위로 보고 핀다.

약효

강장 효과, 위장 질환, 허약증, 관절염, 종약, 고혈압, 폐결액, 폐렴, 간질병

화재 응용법

분갈이시 포기 나누기를 하거나 꺾꽂이 또는 파종으로 증식한다. 아주 강인한 식물로 토양조건을 가리지 않으나 배수성과 통기성이좋은 사질토에 심는 것이 안전하다. 물은 자주 주지 말고 건조하게 재배하고 음지는 피하는 것이 좋다.

애기기린초

기린초

▲ 애기기린초

[과명] 돌나물과　[학명] Sedum kamtschaticum FISCH　[분포] 전국　[개화] 6월~7월　[용도] 식용·약용(진초)

기린초 2

햇빛 관계 : 호광성 / 내한성: 강 / 물관리 : 싫어함 / 비료관리 : 싫어함

자생하는 기린초 중에서 가장 키가 작은 애기기린초가 있다. 높이 10cm 미만으로 잎은 서로 어긋 달리고 꽃은 노란색으로 줄기 끝에 뭉쳐서 핀다. 분에 재배할시는 되도록 키를 낮게 키워야 관상 가치가 있다.

꿩의 비름 약효
제열, 이질, 이대장, 통구규, 소염, 이뇨, 독충 또는 칠창에 사용

애기기린초와 부처꽃의 합식

◀ 꿩의비름

[과명] 돌나물과　[학명] Sedum kamtschaticum FISCH.　[분포] 전국　[개화] 6월~/월　[용도] 식용·약용(전초)

 기린초 3

햇빛 관계 : 호광성 / 내한성 : 강 / 물관리 : 싫어함 / 비료관리 : 싫어함

다육질의 잎은 피침꼴로 어긋 달리고 잎자루가 없고 긴 타원형이며 가장자리에 거친 톱니가 있으며 줄기 끝에 노란색 꽃이 뭉쳐서 위를 보고 핀다. 비슷한 종류로 태백기린초·애기기린초·섬기린초 등이 있다.

기린초와 패랭이의 합식

기린초 바위돌꽃

[과명] 돌나물과　[학명] Sedum kamtschaticum FISCH.　[분포] 전국　[개화] 6월~7월　[용도] 식용·약용(전초)

노루오줌 I

햇빛 관계 : 호광성 / 내한성 : 강 / 물관리 : 좋아함 / 비료관리 : 좋아함

특성과 형태

다년생 식물로 높이 60cm 내외이며 줄기가 꼿꼿이 선다. 전체에 갈색 털이 있고 잎은 3장씩 2~3회 갈라지는 깃털꼴겹잎이다. 꽃은 연분홍색으로 원줄기 끝에 많이 모여서 원뿔꽃차례를 이룬다. 비슷한 종류로 흰노루오줌·숙은노루오줌·둥근노루오줌 등이 있다.

약효

뿌리줄기(근경)을 거풍, 지해, 풍열 감모, 두신동통, 발열 해수 그 밖에 승마 대용으로 근경을 해열제로 쓴다.

화재 응용법

봄과 가을에 분갈이시 포기 나누기를 하여 번식시킨다. 10월 경 종자를 채취하여 묘판에 파종하면 이듬해 봄에 발아한다.
노지 재배시는 부엽질과 유기질이 풍부하고 보습성이 좋은 토양에 심어 햇빛이 잘 드는 장소에서 관리한다.

노루오줌

◀ 숙은 노루오줌

[과명] 범의귀과 [학명] Astilbe chinensis var. davidii Fr. [분포] 전국 산지 [개화] 6월~8월 [용도] 식용·약용(뿌리)

 노루오줌 2

햇빛 관계 : 호광성 / 내한성 : 강 / 물관리 : 좋아함 / 비료관리 : 좋아함

산지의 냇가 또는 습지에서 자라는 다년생 식물로 긴 갈색 털이 있고 짧은 근경은 굵고 옆으로 뻗는다. 잎은 3장씩 2~3회 갈라지고 7~8월에 홍자색 꽃이 꽃줄기 끝에 많이 뭉쳐서 핀다. 화단에 군식하면 더욱 좋다.

원예종

▼ 노루오줌(원예종)

[과명] 범의귀과　[학명] Astilbe chinensis var. davidii Fr.　[분포] 전국 산간　[개화] 6월~8월　[용도] 식용 · 약용(뿌리)

 솔나리 I

햇빛 관계 : 반음 / 내한성 : 강 / 물관리 : 보통 / 비료관리 : 보통

특성과 형태

다년생 식물로 높이 70cm 내외이며 잎의 생김새가 솔잎처럼 가늘어서 붙여진 이름이다. 잎은 총생한 것처럼 조밀하게 붙고 끝이 뾰족하다. 꽃은 분홍색으로 밑을 향해 달리며 안쪽에 자주색 반점이 있고 끝이 뒤로 말린다. 더위에 약한 편이다.

화재 응용법

3~4월경 분갈이할 때 인편을 떼어 삽수로 하거나 종자를 채취하여 직파 후 이듬해 발아하면 파종상에서 그대로 겨울을 지내도록 한다. 다음해 옮겨 심고 잘 관리하면 꽃을 볼 수 있다. 반그늘 지고 물 빠짐이 좋은 사질토에 약간의 부엽토를 섞어서 재배한다. 바람이 잘 통하는 장소면 더욱 좋다.

애기나리

환경부 보호 식물 11호(희귀종)

솔나리

[과명] 백합과 [학명] Lilium cernum KOMAROV [분포] 남 중 북부 [개화] 6월~8월 [용도] 식용·약용(인경)

 솔나리 2

햇빛 관계 : 반음 / 내한성 : 강 / 물관리 : 보통 / 비료관리 : 보통

꽃은 7~8월에 피며 1~4 송이가 원줄기 끝과 가지 끝에서 밑을 향해 달린다. 꽃색은 짙은 홍자색이지만 안쪽에 자주색 반점이 있고 뒤로 많이 말린다. 인경은 식용하며 흰솔나리는 흰 꽃이 핀다.

환경부 보호 식물 11호 (희귀종)

▼ 애기나리　　　　　　　　　　　　　　　　　　　　　　　▲ 애기나리(무늬)

[과명] 백합과　[학명] Lilium cernum KOMAROV　[분포] 남·중·북부　[개화] 6월~8월　[용도] 식용·약용(인경)

섬말나리

햇빛 관계 : 반양, 반음 / 내한성 : 강 / 물관리 : 좋아함 / 비료관리 : 좋아함

특성과 형태

다년생 식물로 높이 50~100cm 내외이다. 울릉도 성인봉이 원산지이며, 줄기는 2~3층의 윤생엽과 호생엽이 달린다. 꽃은 붉은빛이 도는 황색으로 4~10송이가 밑을 향해 달린다. 꽃잎 안쪽에 흑자색 반점이 있다. 자생 나리류 가운데 가장 일찍 개화하는 품종이다. 더위에 약한 편이다.

원추리 약효

이뇨, 지혈, 황달, 육혈, 유즙 불통, 꽃은 소화제. 이뇨제로 쓰인다.

화재 응용법

자생 나리류 중에서 번식이 비교적 까다로운 종으로 인편을 이용하여 증식할 수 있다. 배수성과 보수성이 좋고 물빠짐이 좋은 사질토에 잘 자란다. 부엽질이 많이 함유된 반 그늘진 곳에서 재배한다.

섬말나리와 지리대사초의 합식 환경부 보호 식물 12호 (멸종 위기종)

▼ 원추리(무늬)

애기나리(무늬) ▲

[과명] 백합과　**[학명]** Lilium hansonii LEICHTL.　**[분포]** 울릉도　**[개화]** 6월~7월　**[용도]** 식용·약용(인경)

 털중나리

햇빛 관계 : 호광성 / 내한성 : 강 / 물관리 : 싫어함 / 비료관리 : 보통

특성과 형태

다년생 식물로 높이 50~100cm 내외. 윗부분에서 몇 개의 가지가 갈라지고 전체에 잔털이 있다. 잎은 총생한 것처럼 많고 피침형이며 끝이 뾰족하다. 꽃은 황적색으로 1~5송이가 밑을 향해 달리고 꽃잎 안쪽에 자주색 반점이 있다.

참나리 약효

한방에서는 해수, 천식, 종기, 혈담 양음 윤폐, 청심안심, 음허구핵, 노이로제, 실명다몽, 정신황홀 등

화재 응용법

분갈이시 인편을 떼어서 삽수로 쓰고 종자를 채취하여 곧바로 파종하면 이듬해 봄에 발아한다. 어린 묘는 묘상에서 1년을 키워 이식하면 개화주가 된다. 자생종 나리류 중에서 비교적 강인한 식물로 약간 건조하고 배수성이 좋은 사질 토양을 좋아한다. 부엽질이 함유된 곳에 심고 햇빛이 잘 드는 곳이나 반 그늘진 장소에서 재배한다.

참나리

[과명] 백합과　[학명] Lilium amabile PALIBIN　[분포] 남·중·북부　[개화] 6월~8월　[용도] 식용·약용(인경)

 땅나리

햇빛 관계 : 호광성 / 내한성 : 강 / 물관리 : 보통 / 비료관리 : 보통

특성과 형태

다년생 식물로 높이 30~100cm 내외. 잎은 어긋 달리며 선형 또는 넓은 선형이다. 꽃은 황적색으로 원줄기와 가지 끝에 1~8송이씩 밑을 향해 달린다. 꽃잎이 뒤로 완전히 말린다.

화재 응용법

인경을 하나씩 떼어 내 삽목을 하면 잘 자란다. 한 해 동안 키우면 다음해 여름 줄기가 자라 꽃이 핀다. 종자를 채취하여 곧바로 묘판에 직파하면 이듬해 봄에 발아한다.

어린 묘는 같은 자리에서 1년 길러 옮겨 심는다. 햇빛이 잘 들고 물 빠짐이 좋은 사질 토양에 부엽질과 유기질을 섞어서 심는다. 과습과 여름철 고온에 약한 편이므로 주의한다.

비비추와 노루오줌의 합식 환경부 보호 식물 18호 (감소 추세종)

▲ 땅나리　　　　　　　　　　　　　　　　　　　　　　　　　　　▼ 노랑땅나리

[과명] 미나리아재비과　**[학명]** Adonis amurensis REGEL et RADDE　**[부포]** 전국 각지　**[개화]** 2월~4월
[용도] 관상용, 약용(뿌리)

 # 뻐꾹나리

햇빛 관계 : 반양, 반음 / 내한성 : 강 / 물관리 : 좋아함 / 비료관리 : 비옥토

특성과 형태

다년생 식물로 높이 50cm 내외. 잎은 어긋나고 넓은 타원형이며 끝이 뾰족하다. 꽃은 흰색에 가까운 연한 자주색이며 꽃자루에 짧은 털이 있다.
뒤로 젖혀진 꽃잎에 많은 점이 있다. 한국 특산 식물이며 꽃이 필 때 잎이 타는 경우가 많다.

화재 응용법

가을 분갈이 때 포기 나누기를 하면 잘 자라고 증식시킬 수도 있다. 10월경에 종자를 채취하여 직파하면 90% 정도 발아한다. 반 그늘지고 부엽질과 유기질이 충분한 곳에 심는다. 비옥하면서도 배수성이 좋고 통풍이 잘 되는 곳이 좋다.

뻐꾹나리

▼ 한국특산종

[과명] 백합과　**[학명]** Tricyrtis dilatata NAKAI　**[분포]** 제주·남부·중부　**[개화]** 7월　**[용도]** 관상용

 하늘말나리

햇빛 관계 : 반양, 반음 / 내한성 : 강 / 물관리 : 좋아함 / 비료관리 : 좋아함

특성과 형태

다년생 식물로 높이 50~100cm 내외. 윗부분에서 몇 개의 가지가 갈라지며 전체에 잔털이 있고 총생엽은 끝이 뾰족하다. 꽃은 황적색으로 1~5송이가 하늘을 향해 피며 안쪽에 자주색 반점이 많다.

화재 응용법

봄철 인편을 떼어서 삽수로 쓰면 이듬해 작은 묘를 얻을 수 있다. 2년을 길러야 개화주가 된다. 물 빠짐이 좋은 사질 토양에 충분한 부엽토를 섞어 심는다. 반 그늘진 장소에서 재배하며 여름철 고온에 주의한다.

하늘말나리

하늘나리　　　　말나리 잎 무늬종　　　　말나리 잎 무늬종

[과명] 백합과　**[학명]** Lilim tsingtauense GILG.　**[분포]** 남·중·북부　**[개화]** 6월~8월　**[용도]** 식용·약용(인경)

 중나리

햇빛 관계 : 호광성 / 내한성 : 강 / 물관리 : 보통 / 비료관리 : 보통

특성과 형태

산지의 양지바른 풀밭에서 자라는 다년생 식물로 높이 70cm 내외에 이른다. 지하에 든 인경에서 하나의 줄기가 돋아나고 많은 잎이 어긋 달린다. 잎과 줄기에 흰 솜털이 약간 있고 잎 가장자리는 밋밋하다. 꽃은 주황색이며 꽃잎에 갈색 반점이 많다. 꽃잎은 뒤로 완전히 젖혀지며 끝이 안쪽으로 말린다. 인경은 약재로 쓴다.

화재 응용법

인경을 캐 비늘 조각을 떼어 내 삽수로 쓰면 어린 묘를 얻을 수 있다. 씨를 받은 즉시 뿌리면 이듬해 봄에 돋아나고 1년 동안 관리하면 다음해 꽃이 핀다. 물 빠짐이 좋은 사질 토양에 부엽토를 충분히 섞어 심는다. 반 그늘진 장소에서 재배하며 여름철 고온에 주의한다.

중나리

중나리, 산꿩의다리, 넉줄고사리의 합식

중나리

[과명] 백합과 **[학명]** Lilium lcichtlinii var tigrinum NICHOLS **[분포]** 전국 **[개화]** 7월~8월 **[용도]** 관상용·약용(뿌리)

큰방울새난

햇빛 관계 : 반양 반음 / 내한성 : 강 / 물관리 : 보통 / 비료관리 : 보통

특성과 형태
다년생 식물로 습지에서 자란다. 높이 15cm 내외로 굵은 뿌리가 옆으로 퍼진다. 잎이 원줄기 중앙에 1장씩 달리는데 선상 긴 타원형으로 끝이 둔하다. 밑 부분이 좁아져 원줄기에 붙고 날개처럼 흐른다. 꽃은 줄기 끝에 한 송이만 피는데 유백색 바탕에 연한 홍자색이다.

화재 응용법
분갈이 때 포기 나누기로 번식시킨다. 보습성이 충분한 반 그늘진 장소로 부엽질이 많은 땅에서 재배한다. 원래 습지성 식물이다.

큰방울새난

큰방울새난(무늬종)

▲ 큰방울새난

[과명] 난초과　[학명] Pagonia japonica REICHB. fil.　[분포] 전국의 양지쪽·습지　[개화] 6월~7월　[용도] 관상용

연잎꿩의다리

햇빛 관계 : 호광성 / 내한성 : 강 / 물관리 : 보통 / 비료관리 : 보통

특성과 형태

다년생 식물로 북부 지방 숲에서 자란다. 높이 20cm 내외. 잎자루가 길고 1~2회 갈라진 깃털꽃 겹잎이다. 소엽은 둥글고 밑에서부터 약간 올라가서 달리므로 방패 같고 연잎같이 생겼다. 꽃은 연한 자주색 또는 연한 분홍색으로 원줄기와 가지 끝에 달린다.

화재 응용법

봄과 가을에 분갈이를 하면서 포기 나누기를 한다. 양지바르고 보습성이 좋은 사질 토양으로 부엽질이 충분히 섞인 곳에 심어 재배한다.

꿩의다리

자주꿩의다리

꿩의다리

[과명] 미나리아재비과　**[학명]** Thalietrum coreanum LEV.　**[분포]** 북부 지방　**[개화]** 6월~8월　**[용도]** 식용

좀꿩의다리

햇빛 관계 : 호광성 / 내한성 : 강 / 물관리 : 보통 / 비료관리 : 보통

특성과 형태

다년생 식물로 북부 지방에서 자란다. 높이 20cm 내외. 잎은 잎줄기가 길고 1~2회 깃털꼴겹잎이다. 소엽은 둥글고 밑에서부터 약간 올라가서 작은 잎이 달린다. 꽃은 연한 자주색 또는 연한 분홍색으로 원줄기와 가지에 달린다.

좀꿩의 다리 · 꿩의 다리 약효

성분은 매우 차고 열을 내려 주는데 좋은 효과가 있고, 폐열이나 기침, 인후염 같은 열로 인하여 생기는 병에 좋은 효과를 볼수 있다. 냉한 사람에게는 별로 좋지 않으므로 몸이 찬 사람은 먹지 않는 것이 좋다.

화재 응용법

봄과 가을 분갈이 때 포기 나누기로 번식한다. 씨를 뿌리면 잘 발아한다. 양지바르고 보습성이 좋은 사질 토양에 부엽질을 충분히 섞어 심는다.

꿩의다리

꿩의다리

[과명] 미나리아재비과　[학명] Tnalictrum minus var. hypoleucum(S. et Z.) MIQ.　[분포] 북부 지방　[개화] 6월~8월
[용도] 식용

 어리곤달비

햇빛 관계 : 호광성 / 내한성 : 강 / 물관리 : 보통 / 비료관리 : 보통

특성과 형태
다년생 식물로 높이 40~70cm. 밑 부분은 털이 없고 윗부분에 잔털이 있다. 뿌리와 잎은 꽃이 필 때까지 남아 있고 잎줄기는 삼각형을 띤 긴 심장꼴이며 가장자리에 톱니가 있다. 꽃은 황색으로 줄기 윗부분에 여러 송이가 달린다. 꽃잎이 15~20정도 붙는다.

약효
어리곤달비의 약효는 요통, 진해, 거담, 객혈, 뿌리는 부인병 치료에 쓰인다.
곰취의 약효는 기를 통하게 하고 피의 순환을 잘 시키며, 기침을 없애 주고, 담을 제거하는 성분이 들어 있다. 폐허, 폐에 열이 있는 사람이나 마른 기침을 하는 사람이 먹게 되면 해로울 수 있으므로 주의해야 한다.

화재 응용법
포기 나누기로 번식하고 종자를 뿌려도 잘 돋아난다. 9~10월경 채취한 종자를 곧바로 직파하면 이듬해 봄에 발아한다. 물빠짐이 좋은 사질 토양으로 햇빛이 잘 드는 장소에서 재배한다. 고산성 식물로 부엽질과 유기질이 풍부하게 함유된 장소가 좋다.

화살곰취

▲ 곤달비

[과명] 국화과　[학명] Ligularia intermedia NAKAI　[분포] 평북·함경북도·강원·이북 지방 심산　[개화] 7월~8월
[용도] 식용(새순)

달맞이꽃

햇빛 관계 : 호광성 / 내한성 : 강 / 물관리 : 보통 / 비료관리 : 보통

특성과 형태

남아메리카 칠레가 원산지인 2년생 식물로 높이 50~90cm 내외의 귀화 식물이다. 굵고 곧은 뿌리에서 1개의 줄기가 곧추자란다. 줄기 잎은 서로 마주나며 선상 피침형으로 끝이 뾰족하며 가장자리에 톱니가 있다. 꽃은 황색으로 원줄기 끝에 여러 송이가 달리고 저녁에는 황색으로 피었다가 아침이면 시들고 약간 붉은빛으로 변한다. 꽃잎은 4장이다.

약효

뿌리는 해열, 풍습 제거, 인후염에 좋고, 꽃을 달인 물은 정신이상자나 몽유병 환자에게 좋고, 씨앗은 동맥 경화, 중풍, 성인병 월경 불순에 좋다.

화재 응용법

늦여름에 종자가 익으면 채취하여 즉시 뿌린다. 싹이 돋으면 지면에 로제트형으로 깔려 겨울을 나고 이듬해 봄 줄기가 자라 여름에 노란꽃이 핀다. 매우 강인한 식물이기에 토양과 환경을 가리지 않고 잘 자란다. 일반 화단에서 쉽게 기를 수 있다.

달맞이꽃

왕달맞이꽃

달맞이와 산새풀의 합식

[과명] 바늘꽃과 [학명] Oenothera odorata JACQ. [분포] 전국 각지 강과 해변 [개화] 7월~8월 [용도] 관상용

민들레 *Dandelion*

국화과에 딸린 여러해살이풀로 산과 들의 양지바른 곳에서 절로 자란다. 뿌리가 긴 것은 땅 속 40cm까지 곧게 내려가기도 한다. 키는 15~30cm 가량이며, 이른 봄에 뿌리에서 긴 잎이 모여나와 옆으로 퍼지며, 무 잎처럼 6~8쌍으로 깊게 갈라지고 가장자리에 톱니가 있으나 없는 것도 있다. 4~7월에 잎 사이에서 꽃줄기가 나와 그 끝에 노란꽃이 한 송이씩 피는데 아침에 피었다가 해가 지거나 날이 흐리면 오므라든다. 민들레는 국화과의 다른 꽃들처럼 수많은 작은 꽃들이 모여 하나의 큰 꽃을 이룬다.

사진으로보는 **권금성의 가을**

 꿩의비름

햇빛 관계 : 호광성 / 내한성 : 강 / 물관리 : 주지않음(내건성) / 비료관리 : 척박한 땅

특성과 형태

다년생 식물로 다육질의 잎을 하고 있다. 높이가 30~50cm 내외. 줄기는 보라색을 띤 녹색으로 속이 비어 있고 잎은 타원형이며 가장자리에 톱니가 있다. 꽃 줄기 끝에 연한 분홍색의 작은 꽃이 모여서 핀다.

화재 응용법

분갈이 때 포기 나누기를 하여 증식시킨다. 늦가을 종자를 채취하여 직파한다. 이듬해 봄에 발아한 묘는 그 자리에서 1년 동안 키운 다음 이식한다. 줄기를 잘라 모래에 꽂으면 쉽게 뿌리를 내린다. 강인한 식물이라 주위 환경과 토양을 가리지 않고 잘 자라지만 충분한 햇빛을 쪼여 주고 물과 거름은 되도록 피하고 가끔 물비료를 조금씩 준다. 물을 많이 주면 잎이 썩는 수가 있다.

꿩의비름

꿩의비름　　　　　　　　　　　　　　　　　　　　　　　　　　▼ 원예종

[과명] 돌나물과　　**[학명]** Sedum. erythrostichum MIQ.　　**[분포]** 전국 각지　　**[개화]** 7월~9월　　**[용도]** 약용(잎)·관상용

 둥근잎꿩의비름

햇빛 관계 : 호광성 / 내한성 : 강 / 물관리 : 싫어함 / 비료관리 : 싫어함

특성과 형태
다년생의 한국 특산 식물이다. 높이 15~25cm 내외이며 경북의 주왕산을 비롯하여 태백산맥 중부 지역에 자생한다. 몇 개의 굵은 뿌리가 있고 줄기는 밑으로 처지며 붉은빛이 돈다. 잎은 마주나고 타원형이며 짙은 자홍색 꽃이 원줄기 끝과 잎 겨드랑이에 둥글게 뭉쳐 달린다. 건조에 비교적 강한 식물이다.

약효
제열, 이질, 이대장, 통구규, 소염, 이뇨, 독충 또는 칠창에 사용

화재 응용법
늦가을에 종자를 채취하며 직파하면 이듬해 봄에 발아한다. 발아한 묘종은 5월에 양지쪽에 이식해 주면 당년에 꽃을 볼 수 있다. 겨울철만 제외하면 연중 삽목이 잘 된다. 일반 노지 재배의 경우 햇빛이 잘 들고 배수가 잘 되는 사질 토양에 심고 물과 시비는 별도로 하지 않는 것이 좋다.

한국특산물

둥근잎꿩의비름

[과명] 돌나물과　**[학명]** Sedum rotundifolium D.LEE　**[분포]** 남부(경북 지방)　**[개화]** 8월~9월　**[용도]** 식용·약용(잎)

 # 진범

햇빛 관계 : 음지 / 내한성 : 강 / 물관리 : 보통 / 비료관리 : 보통

특성과 형태

다년생 식물로서 높이 30~80cm에 이르고 산지의 숲속 그늘에서 반 덩굴성으로 자란다. 약간 굵고 뾰족한 뿌리는 땅 속 깊이 들어 있고 기부에서 많은 근생엽이 돋아난다. 이 근생엽은 잎자루가 있고 5개로 크게 갈라진 원형이다. 가장자리에 불규칙한 톱니가 있고 짧은 털이 있다. 줄기에 어긋 달리는 잎은 밑에서는 크고 잎자루도 길지만 위로 올라가면서 점점 작아지고 잎자루도 짧다. 비스듬히 또는 곧추선 줄기 끝에 연한 자주색 꽃이 달린다.

약효

뿌리는 진통 및 진정제로 쓰인다.

화재 응용법

분갈이하면서 포기 나누기를 하고 늦가을에 채취한 종자를 직파하면 이듬해 봄에 발아한다. 반 그늘지고 부엽질이 좀 많은 토양에서 재배한다.

흰진범

진범

[과명] 미나리아재비과　[학명] Aconitum pseudo-Laeve var. erectum NAKAI　[분포] 전국 각지　[개화] 8월~9월
[용도] 약용(뿌리)

 도라지

햇빛 관계 : 호광성 / 내한성 : 강 / 물관리 : 보통 / 비료관리 : 보통

특성과 형태
다년생 식물로 볕이 잘 드는 풀밭에서 자란다. 높이 50~80cm 내외. 뿌리에서 2~3개의 줄기가 곧추서며 잎은 2장이 마주 붙거나 3~4장이 돌려나기로 붙는다. 어떤 것은 어긋 달리기도 한다. 잎은 줄기에 바로 붙고 가장자리에 톱니가 있다. 꽃은 줄기 끝에 나팔 모양을 한 5장의 꽃잎이 반쯤 갈라지며 짙은 보라색을 띤 청색이다. 흰색 꽃이 피는 것은 백도라지라 한다.

약효
거담, 진해약, 기관지염, 폐농양, 인후종통, 배농약으로 화농성 질환, 해수 담다, 편도선염, 인후통에도 응용할수 있다.

화재 응용법
10월경에 종자를 채취하여 직파한다. 이른 봄에 발아 한 묘를 이식하면 된다. 토질을 별로 가리지 않는 강한 식물로서 일반 화단이나 밭에 심어도 잘 자란다.

겹도라지

도라지

[과명] 초롱꽃과　[학명] Platycodon grandiflorum (Jacq) A.DC.　[분포] 전국 산야　[개화] 7월~8월
[용도] 식용(뿌리·어린순)·약용(뿌리)·관상용

술패랭이꽃

햇빛 관계 : 호광성 / 내한성 : 강 / 물관리 : 보통 / 비료관리 : 보통

특성과 형태
다년생 식물로 높이 50~100cm 내외이다. 줄기는 가늘고 피침형의 작은 잎이 마주난다. 꽃은 분홍색 또는 홍색으로 5장의 꽃잎으로 이루어지며 끝이 가늘게 갈라진다. 비슷한 종류로 섬패랭이·갯패랭이 등이 있고 북한 고산 지대에 사는 구름패랭이, 수염패랭이, 장백패랭이가 있다.

약효
종자는 해열, 구어혈, 통경, 전초, 근은 종양 치료, 혈림, 경폐, 소염, 폐혈통경, 석림, 이뇨약, 소변 불통, 치습

화재 응용법
분갈이시 포기 나누기를 한다. 꺾꽂이는 줄기에 붙은 가지나 어린 싹을 잘라 모래에 꽂으면 뿌리를 내린다. 씨앗으로도 번식이 잘 된다. 햇빛이 잘 들고 조금 척박한 곳으로 물 빠짐이 좋은 사질 토양에서 재배한다. 매우 강인한 식물로 재배가 쉬운 식물이다.

술패랭이

술패랭이

[과명] 석죽과　**[학명]** Dianthus superbus var. longicalycinus (MAX.) WILLIAMS　**[분포]** 전국 각지　**[개화]** 7월~8월
[용도] 관상용 · 약용(전초)

흰술패랭이

햇빛 관계 : 호광성 / 내한성 : 강 / 물관리 : 보통 / 비료관리 : 보통

깊은 산골짜기 냇가에서 자라는 다년생 식물로 밑 부분이 비스듬히 자라며 가지를 치고 윗부분은 곧추자란다. 여러 대가 한 포기에서 나오며 전체에 분백색이 돈다. 잎은 대생하며 선형 또는 선상 피침형이고 양끝이 좁다. 꽃은 7~8월에 가지 끝과 원줄기 끝에 연한 홍색 또는 백색 꽃이 달린다. 한방에서는 전초를 그늘에서 말려 이뇨 및 통경제로 사용한다.

구름패랭이 약효
혈림, 석림, 소염, 이뇨약, 치습, 사습제, 이질, 항암제로 최근에 사용

흰술패랭이

▲ 구름패랭이 패랭이 ▼

[과명] 석죽과 [학명] Dianthus superbus var. longicalycinus (MAX.) WILLIAMS [분포] 전국 각지 [개화] 7월~8월
[용도] 관상용・약용(전초)

 사계패랭이(원예종)

햇빛 관계 : 호광성 / 내한성 : 강 / 물관리 : 보통 / 비료관리 : 보통

특성과 형태

다년생 식물로 줄기는 곧게 서고 높이 10~15cm 내외. 잎은 마주나고 선형 또는 피침형으로 끝이 뾰족하다. 꽃은 갈라진 가지 끝에 적자색 또는 붉은 분홍빛으로 피며 꽃잎 끝에 톱니가 있다. 키가 작고 지면에 깔려서 고운 꽃으로 피기 때문에 지피 식물로 널리 재배하는 원예 식물이다.

화재 응용법

꽃이 진 뒤 분갈이 때 포기를 나누거나 어린 줄기를 잘라 꺾꽂이로 번식시킨다. 씨앗으로도 번식이 잘 된다. 햇빛이 잘 들고 부엽질과 유기질이 충분한 곳에서 재배한다. 일반 정원이나 화단에서 쉽게 기를 수 있다.

▼ 꽃잔디(지면 패랭이)

[과명] 석죽과　[학명] Dianthus　[분포] 전국 각지　[개화] 6월~8월　[용도] 관상용·약용(선조)

우산나물

햇빛 관계 : 반양 반음 / 내한성 : 강 / 물관리 : 보통 / 비료관리 : 보통

특성과 형태

다년생 식물로 높이 50~120cm 내외. 어린 잎은 마치 찢어진 우산을 반 접어 놓은 듯한 모양이어서 붙여진 이름이다. 성숙한 잎은 여러 갈래로 갈라진다. 꽃은 줄기 끝에 여러 송이가 피는데 연분홍 또는 흰색이다.

약효

풍으로 인한 마비를 풀어주고, 관절 통증을 없애 주며, 피를 원활하게 순환시켜 주기도 하고, 부종을 내리며, 습을 제거하고, 해독의 효능을 가지고 있다. 임산부가 먹으면 낙태할 수 있으므로 먹지 말아야 한다.

화재 응용법

봄과 가을에 포기를 나누어 증식시키고 9월에 종자를 채취하여 파종하면 이듬해 봄에 발아한다. 매우 강인한 식물로서 반 그늘지고 보습성이 좋으며 비옥한 땅에 심어 재배한다.

노루귀와 우산나물

▲ 우산나물(무늬)

[과명] 국화과　[학명] Syneilesis palmata (THUNB). Max.　[분포] 전국의 깊은 산　[개화] 7월~8월　[용도] 식용

 # 무릇

햇빛 관계 : 호광성 / 내한성 : 강 / 물관리 : 보통 / 비료관리 : 보통

특성과 형태

다년생 식물로 전국의 길가나 밭둑. 풀밭에서 자란다. 지하에 깊이 묻혀 있는 인경은 마늘쪽같이 생겼다. 약간의 독성이 있어서 아린 맛이 있으나 충분히 우려낸 인경은 단맛이 나기에 삶아서 먹기도 한다. 잎은 이른 봄에 일찍 돋아나고 부추처럼 좀 두껍다. 잎 사이에서 30~40cm 높이의 꽃대가 올라와 그 끝에서 연한 보라빛 꽃이 이삭 모양으로 많이 달린다.
인경을 오래도록 삶아 졸이면 엿같이 되며 전분이 많다. 백색 꽃이 피는 것을 흰무릇이라 한다.

무릇·흰무릇 약효

활혈 해독, 외용으로 타박상, 근골통, 유옹, 소종 등

화재 응용법

분갈이할 때 늘어난 구근을 나누어 심는다. 종자를 뿌리면 봄에 싹이 튼다. 노지에서는 어떤 장소와 토양에도 구애받지 않고 잘 자란다.

무릇

흰무릇

무릇 / 흰무릇

[과명] 백합과 **[학명]** Scilla scilloides (LIND.) DRUCE **[분포]** 전국 각지 **[개화]** 7월~9월 **[용도]** 식용(인경)

 산파

햇빛 관계 : 호광성 / 내한성 : 강 / 물관리 : 보통 / 비료관리 : 보통

특성과 형태

다년생 식물로 북부 지방의 높은 산 양지쪽에 자라며 높이 20~50cm이다. 인경은 길쭉한 원형이고 잎은 2~3장이 반원통형으로 화경보다 짧고 흰빛이 도는 녹색으로 속이 비어 있다. 꽃은 30cm 쯤 되는 꽃자루가 자라나 그 끝에 붉은빛을 띤 보라색의 작은 꽃이 뭉쳐서 핀다. 연한 싹과 인경을 식용으로 한다.

화재 응용법

늦가을에 분갈이를 하면서 늘어난 인경을 나누어 심는다. 비교적 기르기 쉬운 식물이다. 분에 재배할시는 조그마한 분에 가루를 뺀 산모래와 마사토를 사용해서 심어 주고 부엽질을 20% 정도 혼합해도 좋다.

두매부추

산부추

[과명] 백합과   [학명] Allium shoenoprasmum var. orientale REGEL   [분포] 북부 높은 산간   [개화] 7월~8월
[용도] 식용(인경·어린 순)

 일월비비추

햇빛 관계 : 반양, 반음 / 내한성 : 강 / 물관리 : 보통 / 비료관리 : 보통

특성과 형태

다년생 식물로 전국 각지의 산지 풀밭에서 자란다. 넓은 잎은 뿌리에서 모여 돋아나고 긴 잎자루가 있다. 꽃은 뿌리에서 돋아난 꽃대 윗부분에서 한쪽 방향으로 뭉쳐서 핀다.

꽃은 나팔 모양이고 끝에서 6개로 갈라지며 끝이 뾰족하다. 잎이나 꽃의 모양이 중국이 원산지인 옥잠화와 비슷하나 꽃이 보다 작고 한쪽 방향으로 치우쳐 피는 것이 다르다. 개화 기간이 길며 꽃이 흰색인 것을 흰일월비비추라고 한다.

화재 응용법

매우 강건한 식물로서 언제든지 포기 나누기로 번식이 가능하며 9~10월경에 채취한 종자를 직파하면 이듬해 봄에 발아한다. 강한 광선이나 반 그늘에서도 잘 자란다. 약간 보습성이 있고 반 그늘진 장소에 재배하는 것이 좋다. 여름철 고온에 주의한다.

▲ 비비추무늬의 잎　　　　▲ 비비추　　　　비비추 꽃봉우리 ▼

[과명] 백합과　[학명] Hosta capitata NAKAI.　[분포] 전국 산지　[개화] 8월~9월　[용도] 관상용·식용(어린 순)

 비비추(분홍)

햇빛 관계 : 반양, 반음 / 내한성 : 강 / 물관리 : 보통 / 비료관리 : 보통

특성과 형태

다년생 식물로 잎은 계란꼴로 넓으며 끝이 뽀족하다. 잎이 뿌리에 많이 모여서 돋아나고, 꽃줄기가 자라 여러 송이의 꽃이 아래로부터 차례로 핀다. 꽃은 연보라색 또는 흰색으로 같은 방향으로 치우쳐 핀다.

화재 응용법

분갈이시 포기 나누기를 하면 쉽게 번식되고 씨뿌림은 9~10월경에 종자를 채취하여 직파한다.

이듬해 봄에 발아한 묘는 본잎이 2~3장 나왔을 때 이식한다. 비교적 강인한 식물로 특별한 환경과 토양은 가리지 않는다. 물 빠짐이 좋은 사질 양토에서 재배한다. 강한 햇빛이나 반음지에서도 잘 자란다.

비비추 잎 ▲

비비추 ▼

[과명] 백합과　[학명] Hosta longipes (Fr. et SAV.)MATSUMURA　[분포] 전국각지　[개화] 7월~8월　[용도] 관상용

무늬비비추

햇빛 관계 : 반양 반음 / 내한성 : 강 / 물관리 : 보통 / 비료관리 : 보통

다년생 식물로 산지의 냇가 근처에서 자란다. 많은 잎이 뿌리에서 나와 비스듬히 처진다. 잎은 긴 난형이고 잎줄기가 짧다. 뿌리에서 나온 꽃대는 곧추서고 꽃은 7~8월에 연한 보라색으로 피며 한쪽으로 치우쳐 달리며 활짝 벌어지지 않는다.

▲ 무늬종의 자생 상태　　　▼ 비비추 노란 줄무늬

[과명] 백합과　[학명] Hosta longipes (Fr. et SAV.)MATSUMURA　[분포] 전국 각지　[개화] 7월~8월　[용도] 관상용

주걱비비추

햇빛 관계 : 반양 반음 / 내한성 : 강 / 물관리 : 보통 / 비료관리 : 보통

개화주에서 꽃줄기가 나왔다.

주걱비비추

▲ 파종하여 발아한 묘에서 본잎이 4~5장 나오면 감상분에 이식한다.

▼ 백색 반엽은 잎이 고와 정원에 심기도 하고 꽃꽂이 소재로 많이 쓰인다. 비비추(노란 줄무늬)

[과명] 백합과 [학명] Hosta clasus var normalis F. MAEKAWA. [분포] 전국 각지 [개화] 7월~8월 [용도] 관상용

비비추(백화)

햇빛 관계 : 반양, 반음 / 내한성 : 강 / 물관리 : 보통 / 비료관리 : 보통

산지의 냇가에서 자라는 다년생 식물로 이른 봄 싹이 나와 잎이 넓게 자란다.
잎은 긴 잎자루가 있으며 가장자리에 둔한 주름이 있고 넓은 타원형이다. 뿌리에서 직접 나온 꽃대는 곧추서고 윗쪽에서 꽃이 어긋 달린다. 밑에서부터 차례로 피어 올라가는 꽃은 순백색으로 한쪽 방향으로만 핀다.

비비추나물 약효

백대하나 적대하에 좋으며, 자궁 출혈에 특이한 효능이 있으며, 남자들의 정액이 힘없이 나오는 것을 막아 주며, 모든 궤양에 잘 듣는다.

비비추(백화)

▼ 비비추(백화) 자생 상태

▼ 비비추(백화)

[과명] 백합과 [학명] Hosta longipes for. alba I. LEE [분포] 전국 각지 [개화] 7월~8월 [용도] 관상용

좀비비추(무늬종)

햇빛 관계 : 반양, 반음 / 내한성 : 강 / 물관리 : 보통 / 비료관리 : 보통

숲속에서 자라는 다년생 식물로 비비추와 비슷하나 전체적으로 작고 잎이 짧다. 잎은 뿌리에서 모여 나고 넓은 난형이다. 꽃은 연한 자주색으로 여러 송이가 한쪽으로 치우쳐서 달리는데 잎 끝은 6갈래 갈라진다. 흰색 꽃이 피는 것은 흰좀비비추라 한다.

무늬비비추

[과명] 백합과 [학명] Hosta minor (BAKER) NAKAI [분포] 전국 각지 [개화] 7월 10일 [용도] 관상용

터리풀

햇빛 관계 : 호광성 / 내한성 : 강 / 물관리 : 보통 / 비료관리 : 보통

특성과 형태

다년생 식물로 높이 1m 정도로 자라고 줄기에 달린 잎은 다섯 갈래로 갈라진다. 손바닥꼴의 넓은 잎은 가장자리에 톱니가 있다. 원줄기와 가지 끝에 작은 흰색 또는 연한 분홍색 꽃이 뭉쳐서 핀다.

화재 응용법

분갈이시 포기 나누기로 번식한다. 강인한 식물이기에 어떤 토양도 가리지 않고 잘 자라므로 키우기가 매우 쉽다. 부엽질이 적당하고 보습성이 있는 토양으로 반 그늘진 곳을 골라 심는다.

터리풀

▼ 단풍터리풀 ▼ 터리풀

[과명] 장미과 [학명] Filipendula glaberrima NAKAI. [분포] 전국 각지 [개화] 7월~8월 [용도] 관상용

좀양지꽃

햇빛 관계 : 호광성 / 내한성 : 강 / 물관리 : 좋아함 / 비료관리 : 척박한 곳

특성과 형태

다년생 식물로 양지꽃과 비슷하나 양지꽃은 들판의 풀밭에서 자라지만 좀양지꽃은 고산 지대의 바위 틈에서 자라고 긴 생장 줄기가 반 덩굴성으로 뻗어나간다. 고산 식물의 특징을 갖고 있어서 몸집에 비해 꽃이 크다. 잎은 3장의 소엽이 모여 한 장의 잎을 이루고 가장자리에 톱니가 있으며 약간의 털이 있다. 잎 사이에서 짧은 꽃자루가 자라 두세 송이의 노란꽃이 핀다.

약효

전초는 열 내림, 지혈, 해독 작용, 골관절 결핵, 입안 열, 임파절 결핵, 타박상, 외상 출혈에 쓰인다.

화재 응용법

가을에 분갈이를 하면서 포기 나누기로 번식시킨다. 이때 생장 줄기의 마디를 하나씩 예리한 칼로 잘라 심는다. 반 그늘지고 비옥한 땅이나 좀 척박한 땅에서도 잘 자란다. 재배가 쉬운 식물로 정원이나 화단에서 쉽게 기를 수 있다.

양지꽃(무늬)

▲ 양지꽃(무늬) 자생 상태

[과명] 장미과　[학명] Potentilla matsumurae WOLF.　[분포] 제주도·교신지　[개화] 7월·8월　[용도] 식용(애싹)·약용(뿌리)

산솜방망이

햇빛 관계 : 호광성 / 내한성 : 강 / 물관리 : 좋아함 / 비료관리 : 보통

특성과 형태

다년생 식물로 높이가 20~50cm 내외로 고산 지대의 초원에서 자란다. 줄기는 골이 졌고 솜털이 있으며 가지가 위쪽에서 갈라진다. 잎은 서로 어긋나게 나오며 꽃이 필 때 근생엽은 말라 없어진다. 꽃은 적황색으로 줄기 끝에 달린다. 비슷한 종류로 민솜방망이가 있다.

화재 응용법

봄과 가을에 포기 나누기를 하여 번식하고 10월경에 종자를 채취하여 직파하면 이듬해 봄에 발아한다. 부엽질과 유기질이 풍부한 토양으로 햇빛이 잘 드는 곳에 식재한다.

솜방망이(봉오리)

산솜방망이

▲ 솜방망이(꽃)　　　　　　　　　　　　　　　　　　　　▼ 산솜방망이

[과명] 국화과　**[학명]** Senecio flammeus TURCZ.　**[분포]** 제주·남·중·북부　**[개화]** 8월　**[용도]** 식용·관상용

미역취 I

햇빛 관계 : 반양, 반음 / 내한성 : 강 / 물관리 : 보통 / 비료관리 : 보통

특성과 형태

다년생 식물로 전국의 산지 초원에서 자란다. 높이 35~80cm로 자라며 뿌리에서 많은 근생엽이 돋아나며 그 사이에서 몇 개의 꽃대가 올라온다. 줄기는 곧추서고 꽃은 줄기 상부에 많이 핀다. 줄기에 어긋 붙은 잎은 위로 올라갈수록 작아지며 표면에 약간 털이 있고 가장자리에 톱니가 있다.

미역취 · 울릉미역취 약효

전초, 뿌리는 소종 해독, 소풍청열, 감기, 두통, 인후종통, 백일해, 소아 경풍, 타박상, 종기, 한열 왕래, 파혈, 편도선염, 독사교상, 발한해표, 인후염, 폐염, 항균작용, 이뇨 작용, 항암 작용, 피부과 질환 등에 쓰인다.

화재 응용법

분갈이시 포기 나누기를 하여 번식하고 10월경에 종자를 채취하여 직파하면 이듬해 봄에 발아한다. 꺾꽂이로도 잘 번식된다. 대단히 강한 식물이기에 어떤 척박한 토양이나 악조건에서도 쉽게 재배할 수 있으나 빛이 좋은 장소가 적당하다. 분에 재배할 시는 마사토나 산모래를 사용하고 비료는 가급적 피하는 것이 좋다.

미역취

▲ 미역취

▼ 울릉미역취

[과명] 국화과 [학명] Solidago virga-aurea var. asiatica NAKAI [분포] 전국 각지 [개화] 7월~9월
[용도] 식용(새싹) 약용(전초)

 미역취 2

햇빛 관계 : 반양, 반음 / 내한성 : 강 / 물관리 : 보통 / 비료관리 : 보통

산야에서 자라는 다년생 식물로 윗부분에서 가지가 갈라지고 잔털이 있다. 근생엽은 꽃이 필 때 쓰러지고 경생엽은 난형 또는 난상 긴 타원형이다. 꽃은 줄기 끝에 뭉쳐서 핀다. 한방에서는 전초를 말려 건위, 이뇨제로 쓴다.

미역취

미국미역취

[과명] 국화과　[학명] Solidago virga-aurea var. asiatica NAKAI　[분포] 전국 각지　[개화] 7월~9월
[용도] 식용(새싹)·약용(진초)

 각시석남

햇빛 관계 : 호광성 / 내한성 : 강. 내건성 / 물관리 : 좋아함 / 비료관리 : 보통

특성과 형태

북부 지방 고산 지대 양지바른 곳에서 자란다. 상록성의 다년생 소관목으로 높이가 10cm 정도 밖에 되지 않아서 풀과 같이 보인다. 잎은 가죽처럼 빳빳하고 길쭉하며 뒷면 쪽으로 반 가량 감긴다. 잎 표면은 짙은 녹색이고 뒷면은 회녹색이며 엽맥이 뚜렷하다. 꽃은 여름에 은방울 꽃과 같은 연분홍색 꽃이 잎 겨드랑이에 핀다. 일명 애기진달래라고도 한다. 비슷한 식물로 백두산에서 자라는 장지석남이 있다.

화재 응용법

주로 꺾꽂이나 포기 나누기에 의한다. 꺾꽂이는 꽃이 진 뒤 좀 긴 가지를 잘라서 묘판에 이끼를 깔고 심어 준다. 분가꾸기를 할 때는 이끼로 심는 것이 좋으며 산모래나 마사토를 사용하여 심어 주면 배수 처리가 좋고 반드시 양지바른 곳에서 관리하도록 한다.

◀ 각시석남

▼ 등대꽃

▼ 애기석남

[과명] 철쭉과　[학명] Andromeda palifolia L.　[분포] 백두산　[개화] 7월~8월　[용도] 관상용

옥잠화

햇빛 관계 : 호광성 / 내한성 : 강 / 물관리 : 보통 / 비료관리 : 보통

특성과 형태

중국이 원산지인 원예품종으로 널리 재배하고 있는 다년생 식물이다. 엽병이 길며 난상원형인 잎은 끝이 갑자기 뾰족해지고 가장자리는 파상으로서 8~9쌍의 맥이 있고 밋밋하다. 꽃은 백색으로 줄기 끝이 한쪽으로 치우쳐 달리며 비슷한 야생종으로는 일월비비추가 있다. 향기가 매우 좋은 식물이다.

화재 응용법

포기 나누기에 의해서 번식하고 실생은 가을에 종자를 채취하여 직파하면 이듬해 봄에 발아한다. 강인한 식물로서 주의 환경과 특별한 토질을 가리지 않고 잘 자란다. 양지바른 일반 밭흙에 심어도 재배가 쉽다.

옥잠화

옥잠화

[과명] 백합과　[학명] Hosta plantaginea ASCHERS.　[분포] 전국　[개화] 8월~9월　[용도] 관상용

층꽃나무

햇빛 관계 : 호광성 / 내한성 : 강 / 물관리 : 싫어함 / 비료관리 : 싫어함(척박한 땅)

특성과 형태

반초본성 목본으로 높이 30~60cm 내외. 윗부분의 잔가지는 겨울 동안 말라 죽고 뿌리 부분의 가지가 살아남아 봄에 새싹이 자란다.

당년에 자란 가지는 털이 밀생하고 잎은 마주나며 긴 타원형이다. 잎 끝이 날카롭고 가장자리에 톱니가 있다. 꽃은 짙은 보라색으로 윗부분 잎 겨드랑이에 많이 달려서 계단식으로 보이기 때문에 층꽃나무라고 부른다.

화재 응용법

분갈이시 포기 나누기로 번식하며 가을에 종자를 채취하여 곧바로 파종한다. 이듬해 봄에 발아한 묘를 5~6월경 이식하면 당년에 꽃을 볼 수 있다. 성질이 강인한 식물이기에 어떤 환경과 토양에서도 잘 자라며 기르기 쉬운 식물이지만 비옥한 곳은 피하는 것이 좋다.

층꽃나무

층꽃나무

[과명] 마편초과 [학명] Caryopteris incana (THUNB.) MIQ. [분포] 제주도·남부 지방 [개화] 7월~8월
[용도] 식용·밀원용·약용(뿌리)

잔대

햇빛 관계 : 호광성 / 내한성 : 강 / 물관리 : 좋아함 / 비료관리 : 보통

특성과 형태

다년생 식물로 높이 60~100cm 내외. 뿌리가 굵고 전체에 잔털이 있다. 근생엽은 줄기가 길며 꽃이 필 무렵 없어지고 경생엽은 4~5장으로 둘러나는데 긴 타원형에 잔톱니가 있다. 연보라색 종 모양의 꽃이 밑을 향해 달리는데 꽃잎 끝은 5갈래로 갈라진다.

약효

거담, 강장, 청열 거담, 기음 부족, 폐열의 해수, 음허 해수 등

화재 응용법

봄에 분갈이를 하면서 포기 나누기로 번식시키고 가을에 채취한 종자를 즉시 채파하여 이듬해 봄에 발아한 묘를 이식한다. 강인한 식물로 토양이나 주위 환경은 가리지 않는 편이다. 물 빠짐이 좋은 사질토로 부엽질이 풍부한 곳에 심는다.

모시대

도라지모시대

[과명] 초롱꽃과　[학명] Adenophora triphylla var japonica HARA　[분포] 전국 각지　[개화] 7월~9월
[용도] 약용(뿌리)·식용

 모시대

햇빛 관계 : 호광성 / 내한성 : 강 / 물관리 : 좋아함 / 비료관리 : 보통

산지의 풀밭에서 자라는 다년생 식물이다. 굵은 뿌리에서 돋은 줄기에 잎자루가 있는 잎이 어긋 달린다. 잎은 긴 심장형이고 가장자리에 톱니가 있으며 끝이 뾰족하다. 꽃은 보라색으로 종 모양이며 끝이 5갈래로 갈라진다. 흰 꽃이 피는 것을 흰모시대라 한다.

모시대

▲ 잔대

도라지모시대 ▼

[과명] 초롱꽃과　　**[학명]** Adenophora remotiflora (S. et Z) MIQ.　　**[분포]** 전국 각지　　**[개화]** 7월~9월　　**[용도]** 약용(뿌리)·식용

산꼬리풀

햇빛 관계 : 반양, 반음 / 내한성 : 강 / 물관리 : 좋아함 / 비료관리 : 좋아함

특성과 형태

다년생 식물로 높이 40~80cm 내외로 산지의 초원에서 자란다. 줄기 위쪽에서 약간의 가지가 갈라지며 전체에 털이 밀생한다. 잎은 대생하고 잎자루가 없으며 좁은 난형이고 끝이 뾰족하다. 꽃은 암자색으로 원줄기와 가지 끝에 이삭 모양으로 달리며 연한 털이 있다.

화재 응용법

포기 나누기로 증식하고 가을에 채종하여 봄에 파종해도 쉽게 발아한다. 강인한 식물이어서 환경과 토양을 가리지 않고 잘 자라지만 노지 재배의 경우 보습성과 부엽질이 풍부한 장소를 택해 반 그늘에서 재배한다.

산꼬리풀

꼬리풀

꼬리풀

[과명] 미나리아재비과 [학명] Adonis amurensis REGEL et RADDE [분포] 전국 각지 [개화] 2월~4월 [용도] 관상용, 약용(뿌리)

 바위채송화

햇빛 관계 : 호광성 / 내한성 : 강 / 물관리 : 내건성 / 비료관리 : 척박한 토양

특성과 형태
다년생 식물로 높이 10cm 내외. 줄기가 옆으로 뻗으며 윗부분이 가지와 더불어 곧게 서고 밑 부분의 줄기는 갈색이 돈다. 잎은 어긋나고 다육질이며 선형 또는 피침형이다. 꽃은 황색으로 가지 끝에 모여 피는데 꽃잎은 5장이며 끝이 뾰족하다.

화재 응용법
줄기를 잘라서 삽목하고 물만 주면 발근이 잘 된다. 종자를 받아 말리지 말고 즉시 뿌리면 쉽게 싹이 튼다. 내건성의 식물로 습기에 약하므로 여름철 고온 다습하면 마디가 길어지고 아래쪽 잎이 떨어진다. 오전에 햇빛을 쪼이고 오후는 반 그늘진 장소에서 재배한다.

바위채송화

▲ 바위채송화

[과명] 돌나물과 [학명] Sedum polystichoides HEMSL. [분포] 전국 각지 [개화] 8월~9월 [용도] 약용(뿌리)

왜솜다리

햇빛 관계 : 호광성 / 내한성 : 강 / 물관리 : 보통 / 비료관리 : 척박한 땅

특성과 형태
다년생 식물로 소백산 이북의 고산 지대에서 자란다. 높이 25~55cm 내외로 뿌리에서 여러 대의 줄기가 나와 상단부에서 가지를 쳐 꽃을 피운다. 한가운데 둥글고 노랗게 뭉쳐 있는 것이 꽃이다. 그 주위에 흰 솜털에 덮힌 꽃받침 잎이 둥글게 배열되어 꽃잎처럼 보인다. 식물 전체에 흰 털이 있다. 알프스의 에델바이스와 같은 속 식물이다.

화재 응용법
분갈이시 포기 나누기로 증식하고 10월 경에 종자를 채취하여 곧바로 직파하면 이듬해 봄에 발아한다. 여름철 줄기를 삽목하면 뿌리를 내린다. 바람이 잘 통하는 반 그늘진 장소를 골라 약간 건조한 토양에서 재배한다. 특히 장마철에 너무 과습하면 줄기가 썩는 경우가 있고 여름철 고온에 주의하여야 한다.

솜다리 환경부 보호 식물 121호 (한국 특산종)

솜다리 (자생 상태) 환경부 보호 식물 121호 (한국 특산종)

솜다리 환경부 보호 식물 121호 (한국 특산종)

[과명] 미나리아재비科 [학명] Adonis amurensis REGEL et RADDE [분포] 전국 각지 [개화] 2월~4월 [용도] 관상용, 약용(뿌리)

솜다리

햇빛 관계 : 호광성 / 내한성 : 강 / 물관리 : 보통 / 비료관리 : 싫어함

특성과 형태

한라산과 중부 이북 고산 지대에서 자라는 다년생 식물로 높이가 15~25cm 내외이다. 흰 털이 전체를 감싸고 있어 추위에 잘 견딘다. 줄기 끝에 황색꽃이 우아하게 핀다. 비슷한 종류로 왜솜다리 · 산솜다리 · 한라솜다리가 있다.

화재 응용법

봄에 분갈이를 하면서 포기 나누기로 증식하고 종자를 채취하여 7월경에 파종하면 이듬해 봄에 발아한다. 반 그늘 진 장소로 바람이 잘 통하며 조금 척박한 토양에 심는다. 그러나 약간 습윤한 곳도 관계 없다. 여름철 고온에 약하므로 장마철에 과습하면 식물이 죽는 경우가 있다.

환경부 보호식물 121호 (한국 특산종)

▼ 왜솜다리 　　　　　　　　　　　▲ 솜다리 (자생 상태) 환경부 보호 식물 121호 (한국 특산종)

[과명] 국화과　[학명] Leontopodium coreanum NAKAI.　[분포] 한라산·중부 산지　[개화] 7월~9월　[용도] 식용·관상용

 등골나물

햇빛 관계 : 호광성 / 내한성 : 강 / 물관리 : 보통 / 비료관리 : 보통

특성과 형태
다년생 식물로 높이 1m 내외. 곧추서는 줄기에 잎이 마주달리며 타원형으로 가장자리에 톱니가 있다. 꽃이 필 때쯤 근생엽은 말라 죽고 줄기의 잎은 크지만 위로 올라가면서 작아진다. 윗쪽 잎 겨드랑이에서 작은 가지가 갈라지고 원줄기와 가지 끝에 흰색의 꽃이 뭉쳐서 핀다. 비슷한 종류로 향등골나물이 있다. 꽃이 피면 향나무 향기와 비슷한 향이 난다.

약효
등골나무의 약효는 황달, 통경, 중풍, 고혈압, 산후 복통, 토혈, 폐렴 등에 쓰인다.
골등골나무의 약효는 지상부는 거담, 지해, 기관지염, 천식, 산후 수종, 외상

화재 응용법
주로 분갈이할 때 포기 나누기로 번식한다. 씨앗을 파종해도 쉽게 싹을 틔울 수 있다. 반 그늘지고 다소 건조한 토양에 심는다. 햇빛을 잘 들게 하고 척박한 토양에서도 잘 견딘다.

등골나물 (무늬종)

▲ 골등골나물   ▼ 등골나물 (무늬종)

[과명] 국화과 [학명] Eupatorium chinense var. sinplicifolium KITAMURA [분포] 전국 [개화] 7월~10월
[용도] 식용(어린 순)

더덕

햇빛 관계 : 반양, 반음 / 내한성 : 강 / 물관리 : 보통 / 비료관리 : 좋아함

특성과 형태

덩굴성의 다년생 식물로 뿌리가 굵으며 덩굴 길이가 2m 내외이다. 줄기를 자르면 유액이 나온다. 잎은 어긋나고 짧은 가지에 4장의 잎이 서로 십자형으로 돌려난다. 꽃은 녹색이고 가지 끝에서 밑을 향하여 종모양으로 달린다. 꽃잎 끝이 5장으로 갈라지고 뒤로 말리며 겉은 녹색이고 안쪽은 자주색 반점이 있다. 뿌리를 즐겨 먹는다.

약효

더덕의 약효는 건위, 폐병, 심복통, 진해 거담제, 간장 효과, 유선염, 옹종, 폐농양, 임파선염, 종기, 강압 작용, 원기회복 촉진, 혈당증가작용

만삼의 약효는 보중익기, 건비생진, 긴단 심계, 강장, 건위, 조혈, 거담, 진해, 구갈, 폐허, 혈압 강화

화재 응용법

주로 종자를 뿌려 번식한다. 봄에 뿌린 씨에서 싹이 트면 이듬해 봄에 뽑아서 뿌리의 직근을 조금 자르고 심는다.
반 그늘지고 물이 잘 빠지는 사질 토양에 부엽토를 섞어 심는다. 거름을 좋아한다.

더덕

▲ 더덕

만삼

소경불알

[과명] 초롱꽃과　[학명] Codonopsis Lanceolata (SIEB. el ZUCC) TRAUTV.　[분포] 선국 각지　[개화] 8월~9월
[용도] 식용・약용(뿌리)

두메부추

햇빛 관계 : 호광성 / 내한성 : 강 / 물관리 : 내건성 / 비료관리 : 척박한 토양

특성과 형태

다년생 식물로 높이 20~30cm 내외이며 살이 찐 부추와 같다. 지하부에 길이 4cm 정도의 타원형 인경이 있다. 꽃자루가 길게 올라와 그 끝에 보라빛을 띤 연분홍의 작은 꽃이 뭉쳐서 편다. 화경의 양쪽 끝에 좁은 날개가 있고 소화경은 세로로 날개가 있다.

화재 응용법

분갈이 때 인경을 쪼개 분주하고 10월 경에 종자를 채취해서 직파하면 이듬해 봄에 발아한다. 양지바른 쪽에 심는다. 배수가 잘 되는 사질토가 알맞고적당하게 비옥한 토양에 심는 것이 안전하다.

두메부추

아르메니아 (도입종)

부추

[과명] 미나리아재비과 [학명] Adonis amurensis REGEL et RADDE [분포] 전국 각지 [개화] 2월~4월
[용도] 관상용, 약용(뿌리)

한라부추

햇빛 관계 : 반양, 반음 / 내한성 : 강 / 물관리 : 좋아함 / 비료관리 : 보통

특성과 형태

다년생 식물로 높이 20cm 내외 여러 포기가 한군데 모여나며 겉은 엉킨 섬유로 덮여 있다. 잎은 인경에서 3~4개 나오는데 부추잎과 같으며 길게 올라온 꽃자루 끝에 둥글게 뭉친 홍자색 꽃이 핀다.

화재 응용법

늦가을에 종자를 채취하여 반 그늘진 묘판에 채파한다. 이듬해 봄에 발아한 묘는 1년간 묘판에서 재배한 다음 이식한다. 인경은 여러 개가 한데 뭉쳐서 있는 것이 보통이기에 포기 나누기로 번식한다. 다른 부추에 비해 습성이 좀 까다롭다. 특히 잡초에 약하므로 제초 작업을 철저히 하고 여름철 고온과 과습에 주의하고 바람이 잘 통하는 반 그늘에서 재배하는 것이 좋다.

산부추

[과명] 백합과 　**[학명]** Allium taquetii LEV. et VNT. 　**[분포]** 제주·남·중부 　**[개화]** 8월~10월 　**[용도]** 식용·약용(인경)

산부추

햇빛 관계 : 반양, 반음 / 내한성 : 강 / 물관리 : 좋아함 / 비료관리 : 보통

특성과 형태
산지의 풀밭이나 볕이 잘드는 길가에서 자라는 다년생 식물이다. 불룩한 인경에서 몇 개의 잎이 돋아나 길게 자라고 아래쪽은 지난해 남긴 잎이 말라갈 때쯤 하나의 꽃줄기가 자라나 그 끝에서 보라색을 띤 작은 꽃들이 뭉쳐서 핀다. 근경과 함께 어린 싹은 나물로 한다. 마늘 같은 독특한 냄새가 난다.

화재 응용법
화재 응용법은 두메부추와 동일함

산부추

▲ 산부추

▼ 한라부추

[과명] 백합과   [학명] Allium thunbergii G. DON   [분포] 제주·남·중부   [개화] 8월~10월   [용도] 식용·약용(인경)

해오라비난초 I

햇빛 관계 : 호광성 / 내한성 : 강 / 물관리 : 좋아함 / 비료관리 : 좋아함

특성과 형태

다년생 식물로 높이 10~20cm 내외로 양지쪽 습지에서 자란다. 잎은 원줄기에서 돌려나오며 꽃은 백색으로 원줄기 끝에 1~3 송이 정도 달린다. 해오라기와 비슷한 모양의 꽃이 핀다.

화재 응용법

봄에 분갈이하면서 지하경에 새로운 구가 형성되는 것을 나누어서 분구한다. 노지 재배의 경우 양지바른쪽에 인공 습지를 조성하여 수태(물이끼)를 두껍게 깔아 재배한다.

환경부 보호식물 41호(감소추세종)

해오라비난초

[과명] 난초과 [학명] Habenaria radiata SPRENG. [분포] 중부·북부 [개화] 7월~8월 [용도] 관상용

해오라비난초 2

햇빛 관계 : 호광성 / 내한성 : 강 / 물관리 : 좋아함 / 비료관리 : 좋아함

양지쪽 습지에서 자라는 다년생 식물로 구경에서 옆으로 뻗는 지하경이 돋으며 끝에 괴경이 달린다. 꽃줄기 끝에 흰색 꽃이 날개를 활짝 펼친 해오라기 모양으로 핀다.

해오라비난초

해오라비난초

[과명] 난초과　[학명] Habenaria radiata SPRENG.　[분포] 중부 북부　[개화] 7월~8월　[용도] 관상용

 털머위

햇빛 관계 : 반양 반음 / 내한성 : 보통 / 물관리 : 좋아함 / 비료관리 : 비옥토

특성과 형태
상록성의 다년생식물로 울릉도·제주도·남해안 도서 지방 등 바닷가 암벽이나 숲속에서 자란다. 근생엽은 밑 부분에서 많이 올라오며 잎자루가 길다. 잎은 신장형으로 두껍고 윤기가 있으며 가장자리에 톱니가 있다. 꽃은 황색으로 줄기 끝에 여러 송이가 위를 보고 핀다.

약효
진해, 거담, 해수, 후비, 폐옹, 폐위, 토혈

화재 응용법
분갈이 때 포기 나누기를 하거나 늦은 가을 종자를 채취하여 이른 봄에 묘판에 직파하면 발아한다. 생장력이 강하기 때문에 어떤 토양에서도 잘 자라지만 낙엽수 하부의 그늘지고 적당하게 비옥한 토양에 재배한다.

털머위

[과명] 국화과　[학명] Farfugium japonicum KITAMURA.　[분포] 제주도·울릉도 등 해안 도서 지방　[개화] 10월
[용도] 식용(새싹)·약용(전초)

 해국

햇빛 관계 : 호광성 / 내한성 : 강 / 물관리 : 보통 / 비료관리 : 보통

특성과 형태

반 목본성 초본으로서 높이 30~60cm 내외로 중부 이남의 바닷가에서 자란다. 줄기는 비스듬히 옆으로 뻗어나가며 밑 부분에서 여러 갈래로 갈라진다. 잎은 어긋나며 양면에 부드러운 털이 있고 가장자리에 톱니가 있다. 꽃이 피지 않는 상록성의 생장엽은 크고 꽃줄기에 붙은 잎은 조금 작다. 연한 자주색 꽃이 꽃대 끝에 위를 보고 핀다.

화재 응용법

포기 나누기를 하여 번식하며 새싹을 2~3마디씩 잘라 삽목하여도 뿌리를 잘 내린다. 겨울에서 이른 봄에 익은 씨를 받아 뿌리면 봄철에 돋아난다. 강인한 식물로 토양은 가리지 않으나 햇빛이 잘 드는 장소에서 심어서 재배하면 잘 자란다.

해국

해국

[과명] 국화과　[학명] Aster spathulifolius MAXIMOWICZ　[분포] 중부 이남 바닷가　[개화] 7월~11월　[용도] 약용(전초)

눈개쑥부쟁이

햇빛 관계 : 호광성 / 내한성 : 강 / 물관리 : 싫어함 / 비료관리 : 싫어함

특성과 형태

다년생 식물로 주로 한라산 1,200~1,500m 고지에서 자란다. 높이 15~25cm 내외로 밑에서부터 가지가 갈라져 옆으로 뻗으며 윗부분이 곧추선다. 근생엽은 타원형으로 끝이 둔하고 양면에 털이 있으나 꽃이 필 때 없어지며 가장자리에 둔한 톱니가 있다. 줄기 끝에 연보라색의 꽃이 한 송이씩 계속 달린다.

화재 응용법

포기 나누기나 꺾꽂이를 하면 뿌리가 잘 내린다. 씨앗을 이용하여 증식할 수도 있다. 양지바르고 비옥한 토양에서 재배한다. 고산성 식물로서 좀 척박한 땅에서도 재배가 가능하며 관상 가치가 높은 강인한 식물이다.

쑥부쟁이

▲ 쑥부쟁이

▼ 눈개쑥부쟁이

[과명] 국화과 [학명] Aster hayatae LEVEILLE el VANIDT. [분포] 한라산·남부 지방 산과 들의 양지쪽
[개화] 8월~10월 [용도] 관상용

사철난

햇빛 관계 : 반양, 반음 / 내한성 : 강 / 물관리 : 보통 / 비료관리 : 보통

특성과 형태

상록성의 다년생식물로 높이 10~25cm 내외. 잎은 4~5매로 조금 넓고 긴타원형이며 백색 무늬가 있다.
꽃은 백색 바탕에 연한 자홍색으로 7~15송이가 한쪽으로 치우쳐 달린다.

화재 응용법

꽃이 진 다음 줄기를 2~3 마디씩 잘라서 이끼에 붙여 그늘에 두면 쉽게뿌리를 내린다. 그리고 줄기가 옆으로 기면서 한 두 개의 새촉이 나와 자연 번식이 된다. 분에 재배할 시는 깊이가 얕은 분을 택하여 마사토에 부엽을 섞어서 사용하거나 수태를 잘게 썰어서 산모래와 혼합해서 심는다.

애기사철난

환경부 보호 식물 35호(희귀종)

▲ 사철난초   ▼ 붉은사철난초

[과명] 난초과   **[학명]** Goodyera schlechtendaliana RECHB fil.   **[분포]** 제주도·울릉도·중·남부 지방   **[개화]** 8월
[용도] 관상용

 용담

햇빛 관계 : 반양 반음 / 내한성 : 강 / 물관리 : 보통 / 비료관리 : 보통

특성과 형태

다년생 식물로 높이 30~60cm 내외. 줄기는 꼿꼿이 서고 잎은 피침형이며 마디마다 2장씩 마주 난다. 꽃은 자주색으로 종 모양이고 위를 향해 피는데 흐린 날과 밤에는 꽃잎을 닫는다. 비슷한 종으로 칼잎용담·큰용담이 있다.

약효

뿌리는 고미건위, 소염약으로 쓰인다.

화재 응용법

이른 봄 분갈이할 때 포기 나누기로 번식한다. 종자 번식도 할 수 있으나 종자가 미세하기 때문에 실내에서 작업을 하거나 바람이 없는 날 꼬투리 속에서 씨를 털어야 한다. 어린 싹을 3마디로 잘라 모래에 꽂으면 뿌리를 내린다. 물 빠짐이 좋은 사질 양토를 택해 부엽과 유기질이 충분한 토양에 심는다. 여름철 고온에 주의해야 한다.

산용담

용담

용담

[과명] 용담과 [학명] Gentiana scabra var. buergeri MAX. [분포] 제주도·전국 각지 [개화] 8월~10월
[용도] 관상용·약용(뿌리)

# 야고

햇빛 관계 : 반양 반음 / 내한성 : 약함 / 물관리 : 보통 / 비료관리 : 보통

특성과 형태

한라산 남쪽 도로변을 비롯하여 남해 도서 지방의 억새 틈에 자라는 1년생 기생식물이다. 줄기가 짧기 때문에 쉽게 눈에 띄지 않고 몇 개의 적갈색 인편이 호생한다. 꽃은 9월에 피며 꽃대가 10~20cm로 짧다. 끝에 1송이의 꽃이 옆을 향하여 다소곳이 핀다. 꽃색은 연분홍 또는 붉은색이며 작은 종자가 많이 들어 있다. 한자로 야고(野菰)라고 쓴다.

약효

전주는 인후종통, 골수염, 정창, 해수, 편도 체염, 인후염, 요로 감염증, 골수염에는 감초 뿌리와 병용한다. 외용으로는 독사 교상 또는 뾰루지에 호마유와 섞어 바른다.

화재 응용법

1년초로서 억새 같은 벼과 식물의 근경에 기생하는 기생 식물이다. 10월경에 종자를 채취하여 억새 뿌리 근처에 직파하면 다음해 가을에 꽃을 볼 수 있다. 억새 근경에 칼집을 내고 직접 씨를 삽입하는 방법도 있다. 분에 재배할시는 산모래나 마사토를 사용하여 심고 직사광선을 피한다.

야고

야고

[과명] 열당과 [학명] Aeginetia indica L. [분포] 한라산·진도·완도 등 남부 도서 지방 [개화] 9월~10월 [용도] 관상용

호장근

햇빛 관계 : 호광성 / 내한성 : 강 / 물관리 : 좋아함 / 비료관리 : 보통

특성과 형태
다년생 식물로 근경은 단단하며 길게 뻗는다. 높이가 1m 또는 그 이상으로 곧추, 또는 비스듬히 자라며 속이 비어 있다. 어릴 때는 적자색 반점이 산포하며 잎은 마디마다 서로 어긋나고 엽병이 있으며 계란 꼴이다. 윗쪽 잎 겨드랑이에서 꽃대가 나와 작고 흰 꽃이 이삭 모양으로 뭉쳐서 핀다.

호장근 · 섬호장근 약효
거풍이습, 산어정통, 지해화담, 관절비통, 습열 황달, 옹종창독, 월경이상, 해수 담다 및 외상, 통경, 이뇨, 완화제

화재 응용법
포기 나누기로 번식하며 어린 줄기는 꺾꽂이를 하여도 뿌리가 잘 내린다. 분에 재배할시는 좀 크고 깊은 분을 택하며 산모래나 마사토에 부엽토를 20~30% 혼합해 심어 주고 햇빛이 잘 들게 하며 물을 흠뻑 준다.

반엽호장근

왕호장

▼ 붉은호장근

[과명] 마디풀과　[학명] Reynoutria elliptica (KOIDZ) MIGO　[분포] 강원 이북·전국 각지　[개화] 7월~9월
[용도] 식용(어린순)·약용(뿌리)

 구절초

햇빛 관계 : 호광성 / 내한성 : 강 / 물관리 : 보통 / 비료관리 : 보통

특성과 형태
다년생 식물로 높이가 50cm 내외이며 지하경이 옆으로 뻗어 나간다. 근생엽은 꽃이 피면서 없어지고 우상으로 완전히 갈라진다. 다른 구절초에 비해 잎이 많이 갈라진다. 꽃은 흰빛을 띤 분홍색으로 꽃대 끝에 1송이씩 달린다.

약효
풍병, 부인 냉증, 위장병

화재 응용법
포기 나누기와 삽목이 가장 쉬운 증식법이고 종자 번식도 잘 된다. 11월에 채취한 종자를 곧바로 직파하면 이듬해 봄에 발아한다. 양지바르고 물이 잘 빠지는 사질토로서 부엽과 유기질이 충분한 토양에서 재배한다. 강건한 식물로 적당한 시비를 하면 좋다.

구절초

구절초

[과명] 국화과 [학명] Chrysanthemum zawadskii var. latilobum KITAMURA [분포] 전국 각지 [개화] 9월~10월
[용도] 약용(전초)

포천구절초

햇빛 관계 : 호광성 / 내한성 : 강 / 물관리 : 보통 / 비료관리 : 싫어함

특성과 형태

다년생 식물로 높이 50cm 내외이며 근생엽과 밑부분의 잎은 개화시 없어지고 우상으로 완전히 갈라진다. 다른 구절초에 비해 잎이 많이 갈라진다. 꽃은 흰빛을 띤 분홍색으로 꽃대 끝에 1개씩 달린다. 경기도 포천 인근에서 주로 볼 수 있다. 꽃은 흰색 또는 연분홍이다.

약효

풍병, 부인 냉증, 위장병

화재 응용법

포기 나누기와 삽목법이 가장 쉬운 증식법이다. 종자 번식은 11월에 채취한 종자를 곧바로 직파하면 이듬해 봄에 발아한다. 양지바르고 약간 습한 곳에 식제한다. 강인한 식물로 내음성이 강하며 강한 광선에서도 잘 견디나 반 그늘진 곳에 심는 것이 안전하다. 시비는 삼가하는 것이 좋다.

포천구절초

구절초

[과명] 국화과　[학명] Chrysanthemum zawadskii var. tenuisectum KITAGAWA　[분포] 포천 인근　[개화] 9월~10월
[용도] 약용(전초)

한라구절초

햇빛 관계 : 호광성 / 내한성 : 강 / 물관리 : 싫어함 / 비료관리 : 싫어함

특성과 형태
다년생 식물로 한라산 정상 부근에서 자란다. 높이 10~20cm 내외로 키가 작으며 근생엽은 지면에 붙은 채 돋아나고 근경은 옆으로 뻗어나간다. 잎은 잘게 찢어지며 꽃이 피기 시작할 때 봉오리는 분홍색이지만 활짝 피고 나면 흰색으로 변한다. 더위에 아주 약하다.

화재 응용법
늦가을에 종자를 채취하여 곧바로 직파하거나 이듬해 봄에 파종하여도 발아가 잘 된다. 새순을 잘라 삽목하여도 뿌리를 잘 내리며 포기 나누기도 잘 된다. 습기에 약한 식물로서 햇빛이 잘 들고 배수가 잘 되는 토양에 심어 준다. 특히 여름철 장마에 조심하고 가능한 한 척박한 토양에서 관리하며 시비는 삼가한다.

구절초

▼ 한라구절초

[과명] 국화과　[학명] Chrysanthemum zawadskii var. koreanum T. Lee　[분포] 한라산　[개화] 8월~10월
[용도] 관상용

산구절초

햇빛 관계 : 호광성 / 내한성 : 강 / 물관리 : 싫어함 / 비료관리 : 싫어함

특성과 형태
다년생 식물로 뿌리가 옆으로 뻗으며 자라는데 높이 10~50cm 내외로 약간 털이 있다. 원줄기와 가지 끝에 흰색 꽃이 1송이씩 달린다. 구절초와 비슷하다.

약효
부인냉증, 위장병, 치풍 풍병

화재 응용법
포기 나누기와 연중 언제든지 삽목해도 잘 자라며 늦가을에 채취한 종자를 직파하거나 이듬해 봄에 파종해도 잘 발아한다. 고산성 식물로 양지바르고 통풍이 잘 되는 장소에서 재배한다. 여름철 고온다습에 주의하고 물 빠짐이 좋은 사질토에 부엽질을 충분히 넣어 재배한다.

구절초

▲ 산구절초

[과명] 국화과　[학명] Chrysanthemum zawadskii HERBICH　[분포] 전국 산야　[개화] 9월~10월　[용도] 약용(전초)

벌개미취

햇빛 관계 : 호광성 / 내한성 : 강 / 물관리 : 보통 / 비료관리 : 보통

특성과 형태

다년생 식물로 높이 50~60cm 내외로 한국 특산종이다. 근경이 사방으로 뻗으며 싹이 나오고 줄기는 곧추자란다. 뿌리에서 나온 잎은 긴 타원형이고 양쪽 끝이 좁으며 가장자리에 톱니가 있고 끝에 억센 털이 있다. 잎은 줄기 윗쪽으로 올라가면서 점차 작아진다. 줄기 윗쪽에서 몇 개의 가지가 갈라져 그 끝에 한 송이씩 연한 자주색 꽃이 위를 향해 핀다.

약효

벌개미취의 약효는 진해, 담, 항균 작용, 폐암, 복수암에 효과가 있다.
쑥부쟁이의 약효는 임신 중의 하혈, 지혈, 온위, 곽락, 전근, 대하 등에 민간약으로 사용된다.

화재 응용법

봄과 가을에 포기 나누기를 하여 번식하고 4~5월경에 새순을 6cm정도 잘라서 모래판에 삽목하여도 뿌리를 잘 내린다. 실생으로 가을에 채취한 종자를 이듬해 봄에 파종하면 곧 발아한다. 매우 강건한 식물로 특별한 환경이나 토양에 관계 없이 잘 적응한다. 분에 재배할시는 산모래나 마사토에 부엽질을 40% 정도 섞은 흙에 심고 양지바른 쪽에서 관리한다.

벌개미취

▲ 쑥부쟁이

▼ 벌개미취

[과명] 국화科　[학명] Aster koraiensis NAKAI　[분포] 전국　[개화] 6월~10월　[용도] 식용(어린순)·관상용

구름떡쑥

햇빛 관계 : 호광성 / 내한성 : 강 / 물관리 : 보통 / 비료관리 : 보통

특성과 형태

다년생 식물로 높이 5~20cm 내외이며 한라산 고원 초지에서 자란다. 원줄기는 부드러운 털로 덮여 있고 끝까지 잎이 밀생하며 어긋난 밑 부분의 잎은 꽃이 필 때 없어진다. 경생엽은 피침형으로 끝이 둔하고 두껍다. 잎표면에 회백색 면모가 밀생한다. 꽃은 담황색을 띤 흰 꽃이 줄기 끝에 뭉쳐서 달린다.

떡쑥 약효

꽃이 필 때 풀 전체를 뽑아 그늘에 말려 1일 1회 달여서 마시면 천식이 치유되며 백일해에도 효험이 있다. 가래를 없애 주는 데는 1일 15g이 좋다.

화재 응용법

포기 나누기를 하여 번식하는 것이 가장 무난하다. 양지바르고 척박한 땅에서 잘 자란다. 고산식물로 매우 강건한 식물이며 백두산 정상 부근에서도 자란다.

산흰쑥

화태떡쑥

▲ 떡쑥

▲ 구름떡쑥

[과명] 국화과 [학명] Anaphalis sinica subsp. morii (NAK) KITAMURA [분포] 제주도 [개화] 8월~9월
[용도] 식용 · 약용(전초)

 석산

햇빛 관계 : 호광성 / 내한성 : 강 / 물관리 : 좋아함 / 비료관리 : 보통

특성과 형태

인도가 원산지인 다년생식물로 사찰에서 흔히 심고 민가에서 관상용으로 키운다. 인경에서 올라온 꽃대는 외피가 흑색이며 9~10월에 잎이 없어지고 꽃줄기가 높이 30~50cm 정도 자라며 그 끝에 붉은꽃이 여러 송이 핀다. 꽃은 적색으로 꽃잎이 완전히 뒤로 말리고 6개의 꽃술은 길게 밖으로 빠져 나온다. 꽃이 지고 난 뒤 짙은 녹색 잎이 나와 이듬해 여름에 시든다. 인경을 갈아서 녹말을 만든다. 물에 독성을 우려낸 뒤에 수제비나 떡을 해 먹기도 한다. 선운사 인근에서 흔히 볼 수 있는 귀화 식물이다.

화재 응용법

6~7월에 잎이 시들고 나면 분갈이를 하고 포기 나누기를 한다. 물빠짐이 좋고 보습성 있는 사질 토양으로 부엽질과 유기질이 충분한 곳에 재배한다. 햇빛이 잘 들고 통풍이 잘 되면 많은 꽃을 피울 수 있다.

석산

석산

[과명] 미나리아재비과　**[학명]** Adonis amurensis REGEL et RADDE　**[분포]** 전국 각지　**[개화]** 2월~4월　**[용도]** 관상용, 약용(뿌리)

부처손

햇빛 관계 : 호광성 / 내한성 : 강 / 물관리 : 좋아함 / 비료관리 : 보통

특성과 형태

상록성의 양치식물로 전국의 암벽 틈에 붙어 자란다. 높이 10~25cm 내외로 자라며 잎이 로제트형으로 달린다. 경생엽은 긴 난형으로 4줄로 붙지만 가지가 갈라진 곳에서는 2가지 형태로 4줄로 배열된다. 측엽은 난형이며 가장자리에 잔톱니가 있다.

약효

활혈, 지와, 이뇨, 강음, 익정, 진심, 하혈, 지혈, 탈항, 항종양 작용

화재 응용법

주로 분갈이시 포기 나누기로 증식한다. 노지 재배의 경우 양지바른 쪽을 골라 물 빠짐과 보수성이 좋은 사질토에 심는다. 공중습도가 높은 곳을 좋아하며 시비는 필요치 않다. 내한성이 강하여 노지에 재배하기 쉬운 양치 식물이다.

개부처손

부처손

[과명] 부처손과 [학명] Selaginella tamariscina (BEAUV) SPRING [분포] 전국 [개화] [용도] 관상용·약용(전초)

둥근바위솔

햇빛 관계 : 호광성 / 내한성 : 강 / 물관리 : 내건성 / 비료관리 : 싫어함

특성과 형태

다년생 식물로 해안 지방의 바위 절벽에서 자란다. 줄기는 곧추서고 다닥다닥 붙은 바늘잎이 있다. 꽃이 핀 포기는 씨를 퍼뜨리고 죽는다. 잎은 타원형이고 끝이 둔하며 연한 녹색이고 분백색이어서 손으로 만지면 묻어난다. 아래쪽 바늘잎 사이에서 1~2줄기의 연약한 꽃줄기가 나오기도 한다. 꽃은 흰색으로 꽃잎은 5장이다. 최근 암 치료제로 알려지면서 무차별 채취로 점차 사라져 가는 식물이다. 햇빛을 쪼이면 연한 녹색잎이 붉은 빛깔로 변한다.

거미바위솔 약효

전초는 청열 해독, 지혈, 이질 설사, 변혈, 월경 불순, 창불수구, 특히 성평, 미산, 유독이다. 그 밖에 민가에서 치암제로 쓰인다.

화재 응용법

겨울에 꽃이 지고 꽃대가 마르고 나면 씨앗이 저절로 흩어져서 번식하며 포기 나누기를 하여 번식한다. 과습에 매우 약하므로 굵은 마사토에 심고 충분한 햇빛을 쐬어 주어야 하며 가급적 물과 거름은 주지 말 것이며 꽃이 피어 결실하고 나면 죽어 버리기 때문에 꽃대를 잘라서 다년초로 키우는 것이 좋다.

바위솔

난장이바위솔

▲ 거미바위솔

[과명] 돌나물과　[학명] Orostachys malacophyllus FISCH.　[분포] 해안 지대　[개화] 9월~11월　[용도] 약용

 바위솔

햇빛 관계 : 호광성 / 내한성 : 강 / 물관리 : 싫어함 / 비료관리 : 싫어함

특성과 형태

다육질의 다년생 식물로 높이 30cm 내외, 오래된 성벽이나 바위 사찰 등의 기와 지붕에서 흔히 자란다. 잎은 가늘고 길쭉한 피침꼴로 끝에 가시를 가졌고 둥글게 돌아가면서 배열된다. 가을에 굵은 꽃대가 나와 많은 꽃이 뭉쳐서 작은 방망이 형태를 이룬다. 잎은 갈색을 띤 녹색이다. 꽃이 핀 줄기는 죽는다.

약효

전초는 청열 해독, 지혈, 이질 설사, 변혈, 월경 불순, 창불수구, 특히 성평, 미산, 유독이다. 그 밖에 민가에서 치암제로 쓰인다.

화재 응용법

종자 번식은 워낙 미립 종자이므로 채종이 어렵고 적당한 분주에 의하여 증식시킨다. 삽목은 잎을 2~3cm로 잘라 모래판에 꽂아서 적당한 습도를 유지해 주면 뿌리를 내린다. 분에 재배할 시는 가루를 뺀 산모래나 마사토에 부엽토를 50% 정도 혼합하여 배수 처리가 잘 되도록 한다.

바위솔

▼ 바위솔 ▼ 좀바위솔 둥근바위솔 ▲

[과명] 돌나물과　[학명] Orostachys japonicus A. BERGER　[분포] 전국 각지　[개화] 9월~10월　[용도] 약용(전초)·관상용

 감국

햇빛 관계 : 호광성 / 내한성 : 강 / 물관리 : 보통 / 비료관리 : 보통

특성과 형태
다년생 식물로 높이 30~70cm 내외이며 황국이라고도 한다. 전체에 짧은 털이 있다. 줄기는 가늘고 길며 잎은 어긋나고 짙은 녹색이다. 꽃은 선명한 황색으로 향기가 좋다.

약효
두통, 열감기, 폐렴, 기관지염, 위염, 장염, 종기, 항균 작용

화재 응용법
분갈이시 포기 나누기를 하고 삽목은 언제든지 가능하지만 봄에 새순이 나올 때 이를 잘라서 모래판에 심어 준다. 가을에 종자를 채취하여 이른 봄에 파종하면 발아가 잘 된다. 매우 강건한 식물로서 토양은 가리지 않는다. 양지바른 쪽을 택해 비옥하지 않은 땅에 심는다. 시비를 하지 않고 재배하는 것이 좋다.

감국

감국

[과명] 국화과　**[학명]** Chrysanthemum indicum LINNE.　**[분포]** 전국 산야　**[개화]** 10월~11월　**[용도]** 식용·약용(전초)

갯국화

햇빛 관계 : 호광성 / 내한성 : 강 / 물관리 : 보통 / 비료관리 : 보통

특성과 형태
다년생 식물로 높이 30cm 내외. 주로 해변가에 자라는 일본 원산의 들국화로서 애기해국 또는 나도해국이라 부른다. 지하경은 가늘고 길며 잎은 일반 국화 같이 생겼으나 두텁고 뒷면과 가장자리에 은백색 털이 밀생한다. 줄기 끝에 작고 진한 황색 꽃이 뭉쳐서 핀다.

갯국화 · 산국 약효
두통, 제풍열, 두현, 안적, 청열 해독

화재 응용법
분갈이시 포기 나누기를 하여도 좋지만 가을에 저절로 떨어진 종자가 잘 발아하므로 이것을 이식하여 가꾼다. 봄에 새순을 2~3마디씩 잘라 삽목해도 뿌리를 잘 내린다.
노지 재배는 햇빛이 잘 들고 물 빠짐이 좋은 사질 양토에 심어 주고 통풍이 잘 되도록 한다. 물과 시비는 삼가하는 것이 좋다.

산국

▲ 산국

[과명] 국화과　[학명] Chryanthemum pacificum NAKAI　[분포] 남부 해변의 바위 틈　[개화] 10월~11월
[용도] 관상용·약용(뿌리와 잎)

찾아보기

ㄱ

각시둥글레 | 154
각시붓꽃 | 26
각시석남 | 318
감국 | 384
감자난 | 138
개불알꽃 | 102
개별꽃 | 108
개승마 | 192
개여뀌 | 58
개족도리 | 88
갯국화 | 386
거미바위솔 | 383
고깔제비꽃 | 30
고란초 | 117
고비 | 114
고사리삼 | 216, 218
고산봄맞이 | 54
곤달비 | 271
골등골나물 | 337
곰취(무늬) | 85
공작고사리 | 222
관중 | 115

광릉요강꽃 | 80
구름떡쑥 | 374
구름패랭이 | 287
구절초 | 364
금강봄맞이 | 158
금강초롱꽃 | 141
금낭화 | 148
금마타리 | 190
금붓 | 34
금새우난초 | 62
금창초 | 90
기린초 | 238, 240, 242
긴겨이삭 | 186
까치수염 | 168
깽깽이풀 | 82
꼬리풀 | 328

꽃딸기 | 92
꽃잔디 | 289
꽃창포 | 234
꿀풀 | 206
꿩의다리 | 267
꿩의비름 | 276

ㄴ

나도풍란 | 214
나리난초 | 145
난장이붓꽃 | 36
난장이바위솔 | 382
넉줄고사리 | 220
노랑꽃창포 | 235
노랑땅나리 | 257
노랑만병초 | 189
노랑무늬붓꽃 | 34
노랑붓꽃 | 34
노랑제비꽃 | 29
노랑할미꽃 | 45
노루귀 | 76
노루발 | 134
노루오줌 | 244, 246
누운주름잎 | 98
눈개쑥부쟁이 | 354

ㄷ

단풍터리풀 | 309
달맞이꽃 | 272
닭의난초 | 230
대반하 | 226, 228
대사초 | 22, 200
대왕머위 | 94
대청부채 | 37

더덕 | 338
도라지 | 282
도라지모시대 | 325
돌단풍 | 20, 22
돌매화나무 | 48
돌창포 | 236

동의나물 | 72
동자꽃 | 178
두메부추 | 340
둥근바위솔 | 38
둥근잎꿩의비름 | 278
둥굴레 | 152
등골나물 | 336
등대꽃 | 319
땅나리 | 256
떡쑥 | 375

ㅁ

마삭줄 | 224
마타리 | 191
만년석송 | 210
만병초 | 188
만삼 | 339

매미꽃 | 40
매발톱꽃 | 160, 162, 164, 166
매화말발도리 | 85
머위 | 94
모데미풀 | 50
모시대 | 326
무늬비비추 | 300
무릇 | 292
물솜방망이 | 146
미국미역취 | 317
미나리(무늬) | 81
미역고사리 | 220
미역취 | 314, 316
밀나리 | 267
민들레 | 274
민둥제비꽃 | 28
민백미꽃 | 110

ㅂ

바람꽃 | 50
바위돌꽃 | 243
바위말발도리 | 84
바위취 | 126, 128
바위솔 | 382
바위채송화 | 330
반엽산호수 | 171
만엽서향 | 25

반엽호장근 | 362
반하 | 226
백량금 | 170
백작약 | 96
뱀딸기 | 92
벌개미취 | 372
병아리난초 | 172
복수초 | 18
봄맞이 | 158
부채붓꽃 | 36
부처손 | 378
분홍동자꽃 | 180
붉은사철난 | 357
붉은호장근 | 363
붓꽃 | 32, 38
비비추(백화) | 304
비비추(분홍) | 298
비짜루 | 136
뻐꾹나리 | 258

ㅅ

시계패랭이 | 288
시철닌 | 356
산괴불주머니 | 70
산구절초 | 370
산국 | 388
산꼬리풀 | 328

index

찾아보기

산마늘 | 196
산부추 | 344
산솜방망이 | 312
산용담 | 358
산일엽초 | 118
산작약 | 96
산파 | 294
산흰쑥 | 374
삼지구엽초 | 64, 66
새우난초 | 60
서향 | 24
석곡 | 100
석산 | 376
석위 | 120
설앵초 | 54
섬노루귀 | 74
섬말나리 | 252
섬천남성 | 132
세뿔석위 | 120
소경불알 | 339
솔나리 | 248, 250
솜다리 | 334
수정난풀 | 135
숙은노루오줌 | 245

술패랭이꽃 | 284
쑥부쟁이 | 354

ㅇ

애기기린초 | 238
애기나리 | 251
애기사철난 | 356
애기석남 | 319
앵초 | 56
야고 | 360
양지꽃 | 78
어리곤달비 | 270
엉겅퀴 | 122
연잎꿩의다리 | 266
오랑캐장구채 | 232
옥잠난초 | 144
옥잠화 | 320
왕달맞이꽃 | 272
왕호장근 | 362
왜솜다리 | 332
왜승마 | 192
왜제비꽃 | 146
왜현호색 | 52
용담 | 358
용머리 | 208
우단일엽 | 116
우산나물 | 290

울릉미역취 | 315
원추리(무늬) | 253
월귤 | 182, 184
윤판나물 | 68
은대난초 | 62
은방울꽃 | 106
일월비비추 | 296
일엽초 | 116

ㅈ

자금우 | 170
자란 | 104
자주꿩의 다리 | 266
자주섬초롱꽃 | 141
자주천남성 | 227
자주초롱꽃 | 143
자주처녀치마 | 86
잔대 | 324
잔털제비꽃 | 28
장구채 | 232
제비동자꽃 | 176
제비붓꽃 | 39
조개나물 | 90
족도리 | 89

졸방제비꽃 | 30
좀꿩의다리 | 268
좀바위솔 | 385
좀비비추(무늬종) | 306
좀양지꽃 | 310
종지나물 | 31
주걱비비추 | 302
주름제비난 | 124
주머니타래붓꽃 | 26
죽대아재비 | 69
줄무늬범부채 | 236
중나리 | 262
쥐오줌풀 | 156
지리대사초 | 202
진범 | 280

ㅊ

참개별꽃 | 108
참나리 | 255
참바위취 | 126
참석위 | 120
참좁쌀풀 | 174
처녀치마 | 86
천문동 | 137
청닭의난초 | 43
초롱꽃 | 140, 142
촛대승마 | 194

층꽃나무 | 322

ㅋ

키다리난초 | 145
큰개별꽃 | 108
콩제비꽃 | 30
큰까치수영 | 168
큰방울새난 | 264
큰앵초 | 54
큰천남성 | 130

ㅌ

타래붓꽃 | 27
터리풀 | 308
털장구채 | 233
털동자꽃 | 180
털머위 | 350
털여뀌 | 58
털중나리 | 254

ㅍ

포천구절초 | 366
풍란 | 212
피나물 | 42

ㅎ

하늘말나리 | 260
하늘매발톱 | 167
한라개승마 | 194
한라구절초 | 368
한라부추 | 342
할미꽃 | 44, 46
해국 | 352
해오라비난초 | 346, 348
호장근 | 362
화살곰취 | 270
홀아비바람꽃 | 50
화태떡쑥 | 374
흰갈매기난초 | 63
흰금강초롱꽃 | 141
흰금낭화 | 150
흰꿀풀 | 204
흰동자꽃 | 178
흰무릇 | 293
흰병아리난초 | 172
흰술패랭이 | 286
흰여뀌 | 59
흰진범 | 280
흰젖제비꽃 | 27
흰처녀치마 | 86

저자 **한 현 석** 약력

- 충북농업기술원 품평대회 2회 금상 수상
- (사)자생란보존회 충북지부 애란인 명품전 우수상 3회, 동상 1회 수상
- 청원군 농업기술센터 (농업기술개발) 공로패 수상
- (사)자생식물협회 제11회 우리꽃 박람회 농림부 장관상 수상
- (사)한국사진작가협회 충북지부 공모전 가작
- (사)한국사진작가협회 대전지부 공모전 입선
- (사)한국사진작가협회 마산지부 공모전 입선
- (사)한국자생식물협회 꽃사진 공모전 입선 외 다수
- 각종 식물전시 수상 다수
- 각종 사진 공모전 수상 다수
- 1982년부터 태극화훼농원 운영

사계절 우리 야생화

- 초판 1쇄   2009년 3월 10일 발행
- 초판 4쇄   2014년 1월 20일 발행

- 저   자   한현석
- 펴 낸 이   박경준
- 디 자 인   김영숙
- 기   획   GNB기획
- 펴 낸 곳   글로북스

- 출판등록   2001년 7월 2일 제15-522호
- 주   소   서울특별시 마포구 서교동 444-15
- 전   화   02-332-4327
- 팩   스   02-3141-4347

※ 이 책의 저작권은 본사에 있습니다. 무단전제및 복사를 금합니다.
※ 파본이나 잘못된 책은 교환해 드립니다.